臺大登山社區域探勘叢書

夜語

太平山及大元山探勘筆記

推薦序：爲了下一次的重逢

身邊的營火，成了暖烘烘的一小片光，夜的寂靜漸漸合攏。山社六十週年熱鬧的人聲散去，幾個學弟妹還圍坐著，問我過去把探勘路線集結成書的經驗與傳統。

這是傳統嗎？如果是，也是無心之舉。南湖、丹大、白石、大鬼這些山域，集結了山社不同世代的目光，也藉著最後的成書，保存了探勘時的所見所聞。不過，大學短短幾年，假期短短幾天，有幾個人眞的是爲了探勘？又能進行到多深入？說是探勘，其實是好奇。說是好奇，其中更多的，是朋友之間吆喝結伴的熱血豪情。種種冒險、種種感動，既然太平山裡有你們的足跡，何必拘泥於過去的體例？就如實地寫下屬於你們自己的故事吧。我說。

幾個月之後，我居然收到了書稿。我慢慢讀著這些記敘，彷彿身臨其境：

「走在隊伍前面的我跟東霖研判溪水深度尚可，因此自行橫渡。在後的喬惟見前面兩人已通過因此跟上，但可能不熟悉過溪方法且水勢較大，在渡溪過程中不慎跌倒，幸及時站起，但水瓶不小心被溪水沖走。身爲領隊的我著實嚇了一跳，這才意識到在隊伍行進時要更注意每個隊員的動向，並預判可能遇到的風險。」——〈鳩之澤線及隧道〉

「完成第一段垂降後天色轉暗，我們以一盞小小的頭燈明確地圈出精力該匯聚的方向，經過兩次垂降後大家仍懸掛在固定點上，僅存的專注正和周圍群魔亂舞的小黑蚊奮鬥。威龍回報接下來還需要垂降四十米，恐懼並沒有隨著高度的下降而降低，反而隱約地一層疊著一層，常常精神就這麼不經意地渙散在周圍無盡的黑暗之中，但更多的是驚醒時趕緊提醒自己將注意力聚焦回小小的光圈之中。就在這兩者之間不斷地轉換下，我的雙腳終於重新踏回溪底。」——〈南澳北溪溯翠峰湖〉

「下降兩百公尺後，即到達伏地索道的起點『源下部』。這裡有三、四層平臺，散落許多瓷碗、酒瓶，器物不乏精緻紋路。仔細搜索，也有部分鐵軌及鐵件覆蓋在茂密的植被下，不難感受當年盛況。端詳這些生活遺跡，不知道當年離鄉來這深山的人們，抱持著什麼樣的心情在這裡生活呢？原本的霧雨，此時逐漸散去，太平山少見的陽光穿過

氤氳的水氣，把整片遺址區映照得更顯翠綠和生機蓬勃。」——〈空旦線巡禮〉

「八十多年過去，即便太平山的遊人依舊，但人聲鼎沸的索道站再也無人問津，不變的大概只有闊葉樹的綠意，而這或許也是我們一再走入太平山的原因，在山林的面前，人類改變地貌的能力或許可以在年的尺度刻劃出痕跡，但將時間軸繼續拉長，最終都會變成不起眼的一抹苔痕，只不過我們有幸在它傾頹於山林霧雨之前，以一個旁觀者的角度走進、記錄，從殘存的水色酒瓶體會當年對著爐火閒話的瓷杯，而我們自己又何嘗不是如此地，在往後再度成為別人登山紀錄的其中一層堆疊。」——〈上平蘭臺〉

「每次在山上醒轉都要花個兩三秒意識到自己在哪，這回介於睡與醒的淺眠之中，橋牌區的陣陣笑語、各種動物鳴聲與植物摩挲窸窣混雜的背景音、泥土的涼意與濕潤的氣味，時時騷動著感官，讓身體如生物適應環境的過程，逐漸習於沉入山中。」——〈神遊神代〉

「我們腳下常常是跨越好多時代、種族、職業、目的的足跡，而我們又因為不同理由而各自匯聚在一起，成為山上互相扶持的隊友，但未來又將各自走到哪座山嶺，寫怎麼樣的故事呢？在隊伍即將結束、將身上帶的酒一飲而盡的微醺夜裡，看著身邊即將畢業的同屆好友，難免有些惆悵而不願睡去。」——〈遭難山與晴峰〉

太平山區，是經歷砍伐的山林。三十多年前，我在花蓮的木瓜山區也見過類似的地貌。擰轉變形的鐵軌，如倒木般地垂落溪谷。橋墩多處腐朽，危顫顫地橫跨山坳。破工寮裡苔蘚蔓生，殘留著許多簽名和酒瓶。當時的索道仍在營運，林班工人和提著飛鼠的獵人穿行其間。炊煙和洗澡時的檜木香，飄散在山谷裡。那回，我們錯過了載人的纜車，就把自己綁在棧板上，跟著鐵索一起裸露天際，穿過雲霧直下幾百公尺。原住民豪氣地說這樣下沒問題，我們也不覺得怕。可惜，當時我們沒有記錄更多，進行更多的探索。

所以我很高興，學弟妹能把這前後十年、二十幾支探勘太平山的經歷保留下來。完成的，是回憶。沒有實現的，是夢。回憶也好，夢也好，都是一段段關於人與自然、友情與探險的故事。

那晚的營火旁，我靜靜地聽著、想著。這些少年身影，也許在大學畢業後各自奔

忙，逐漸星散，不再能冒險地踏入未知的森林，多數人只剩下週末爬個小山、連假去個健行，生活的重心不免要固著在都市裡。

但我知道，他們會像鳥的遷徙、魚的洄游一樣，常常地回到雲霧繚繞的群山之中。曾經的點點滴滴，變成每次重逢時高亢的歌聲。歌聲之所以高亢，因爲我們可以輕易地回到那個熟悉的感動中。山的壯闊與永恆，單純與寧靜，早已深藏登山客的心中，不曾消逝。我們探索自然的同時，原是探索了更多的自己。我很期待，這本書能讓更多人接觸山林，體驗其中的美妙。

臺大登山社《丹大札記》主編

何英傑

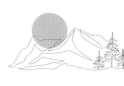

推薦序：與臺大登山社的緣起

我出生於宜蘭縣大元山，翠峰湖伴隨著長大，是嬉遊的地方，一直是心靈的聖湖聖山，祂不是險峻高聳的臺灣第一高峰——玉山那般令人生畏；亦不是個性獨特的大霸尖山如此讓人卻步，祂婉約動人，隨時伸展雙手歡迎。小時候的環境雖然極度貧窮，食無法溫飽，衣無法禦寒，連學費都必須由三位姊姊犧牲學業，國小畢業就得就業來提供，但生活在翠峰湖的點點滴滴縈繞心底，在惡劣的環境中養成只有不斷地努力才能脫離赤貧的毅力，翠峰湖的薰染激盪給予我創作上任何人羨慕的靈性，給了我豐富的人生。

內心充滿對生長故鄉的「情」，爲讓自己的「根」不被斷絕，最近十多年全心投入大元山林場文史重建，運用熟稔的網路無遠弗屆的能力大肆宣傳大元山林場勞工的純樸艱辛讓舉世知曉。

文史重建遭遇重重困難，源於當年政府機關，對相關文件和照片的保留極少，以致讓後世無法據以查詢追蹤，造成現今面對潮流衝擊和新世代求真的質疑，無法找到原始資料爲當年林業開發行政措施佐證。面對複雜難解的黑暗過去，如何能在鮮血染過的山區大地與廢墟上，找到這些痛苦的歷史。是以藉由爬梳檔案史料、文獻集、會議紀錄、各時期的報章雜誌、日記、回憶錄、學術出版品，以及對耆老訪談資料，拼湊出這些痛苦的歷史過往。然而只憑老舊照片和這些記憶和紀錄，始終無法繪製出足以採信的地圖，此時遇到空前瓶頸，幸運與臺大登山社結緣，終於突破難關。

臺灣大學登山社負責接觸的是李逸涵，結識就在網路上。

接觸後，得知登山社有意深入瞭解大元山林場、太平山林場的種種文史，並想登臨以索道爲主的相關位置，當時不免憂心忡忡。太平山林場可以輕鬆接觸不必擔憂，但大元山林場部分卻布滿危機、充滿挑戰，爲避免再度發生臺大登山社重蹈二〇一六年「遭難山」隊伍失聯遲歸事件之覆轍，決定全心幫助這群菁英再度免受山難。

從逸涵得知農業委員會林務局農林航空測量所有販售航照圖的服務，約好時間連袂前往，從中學到購置的方法和管道。但林務局農航所販售的只是一九七七年之後的航照圖，由於進出多次引起辦事人員的側目，她們指出若想取得一九七七年之前的航照圖只能前往工業技術研究院能環所。又經工業技術研究院能環所得知中央研究院人社中心有更詳盡的資料且可以免費索取。

本著「上窮碧落下黃泉」的執著，只要尋覓足以明證大元山林場存在的文件圖輯從不輕易放棄。風聞中央研究院人社中心、工研院歷史航照影像加值實驗室、林務局農航所等政府學術機構可以索取或購買，便衝破重重難關取得上百張航照圖，這些珍貴資料看似平淡無奇、老舊黯淡的照片，若非多年處理電腦影像的經驗，耐心端詳仔細研判，不放棄任何角落細節，深知必須長時間投入才能解開。廢寢忘食全心付出，整理年餘，終於繪出精準的地圖，甚至將民國三十九年開始機械化集材至六十三年林場裁撤，所有架設深山纜線準確描繪，讓懷疑大元山林場存在的有心人士無法置喙，引發登臨探究的登山熱潮。

勾勒並繪製詳盡的大元山林場地圖，以此提供社會人士深入瞭解該山區種種發生的情事，也使得臺大登山社獲得即將前往相關索道位置及足以做爲憑藉的相關地形地貌資訊。

二〇一七年八月三十日與逸涵結伴，夥同大元國小校友，由耆老游杉期指點前往中興崗的路徑。游杉期素有「路尾王」的稱號，「路尾」是大元山林場晴峰山地鐵路翠峰湖至與太平山林場交界的中興崗路段，此稱號可知對該路段熟悉無人可比。路途中眾人或砍或以肉身壓下等身密芒草叢，約午前時分開始毛毛細雨飄下，校友年歲已老恐生意外決定停止前進，午餐後回歸至翠峰湖賞景。此行雖未完成中興崗探訪任務，卻已步入中興崗聚落範圍。此行，眾人皆著長袖，唯獨逸涵短袖，生長山區的大夥都佩服吃苦耐勞的堅毅精神。

之後，臺大登山社在逸涵帶領下陸續完成探索大元山區多項艱難壯舉：

・二〇一七年三月十八至十九日完成大元長春，探訪大元國小。

・二〇一八年九月二十二至二十四日完成元翠尋七——大元山翠峰湖尋訪七號坑索道，路經一九六〇至六一年二號蒸汽機聚落，下切南澳北溪溪谷，探訪七號坑（翠峰）索道，此行所經路段山勢陡峭且叢林密布連當年山區勞工都望之卻步，登山社完成壯舉，眾人實是硬漢鐵娘。

・二〇一八年十月二十七至二十八日完成元氣彈——於暗霧中間追索。

·二〇一九年二月二十八至三月三日完成晴翠十六峰（翠峰湖縱走遭難十六分訪晴峰線索道出寒溪古魯）。

·二〇一九年七月二十七至二十八日完成中興崗探訪，逸涵與登山社爲我們這些生長山區的已近古稀老人實現二〇一七年八月三十日的未竟願望。

二〇二四年農曆過年前逸涵Line傳來希望寫篇序文，並以雲端硬碟網址告知所有文章可以閱讀。春節期間瀏覽後得知登山社也完成太平山林場的登山計畫。唯對太平山區非常陌生，童年時期根本沒有接觸，兩山兩林場之間摻雜糾纏的諸多複雜因素，因此不敢妄加評論。

在此表達對臺大登山社的求知與執著感到佩服，更對冒險的堅毅態度深覺讚賞。感謝逸涵的協助，經由他的提點能夠尋覓途徑獲取爲數不少航照圖，使得重建大元山林場的過程順利，證實存在的事實。

畫家、大元國小校友

陳東元

編者序

「你們這麼多人會一而再、再而三地出現在同個山區，走得那麼辛苦，甚至是今天出現在這裡，一定有一些原因吧，想想當初那個原因是什麼。」在牛鬥露營場的餘燼邊，《丹大札記》的主編何英傑學長聽完我們編書時遇到的徬徨，給了這樣的回覆。

無論是剛入社的菜鳥時期，或者後來自己變成迎新茶會時向新生介紹社團特色的老屁股，都知道登山社的特色無非就是「區域探勘」，也就是針對一個山區做地質、動物、植物、歷史等多面向的研究，並且號召全社團用數年的時間深入山地實地調查。其後，這些區域探勘的結果各自集結成四本專書，而這四本專書每年就這麼鎮在迎新茶會與社團聯展，彷彿社團的神主牌一般。

神主牌不會是太誇張的形容。對我們來說，學長姐們的足跡及文字彷彿是上古的創

世神話，原始、粗獷又充滿生命力：攀登的目標是礦場工人口中的一句傳說，路徑的依據只是傳抄的稜脈圖上的一條虛線，文字紀錄要從各協會出版的刊物蒐集建檔，航空照片仍是不可及的軍事機密，原住民史研究方興未艾。一直要到南湖山難後，登山社才經由學校教官取得最新測繪的地形圖，對於山區的了解才由稜脈圖的線狀變成等高線的面狀。找不到路可說是常態，畢竟大多地方根本就不存在路徑。

與學長姊的年代相比，我們的探勘行動變得精準。山區解嚴、登山不再需要靠行，各路山友的紀錄在公開網路上流傳累積，崩塌地的範圍與演進在航空與衛星照片上逐年演繹，光達雷射直指地面，再也不存在隱藏在樹冠層下的未知地形。找不到路的時候，只要打開手機，全球定位系統就會把你化約成地圖上的一個點，指示走回正途的方向。審查隊伍前領隊搜遍登山紀錄、地形圖、航空照片甚至歷年降水資料已是基本要求，一切的努力都在蕩平登山過程中的未知數，但也少了探索的樂趣。在討論到前人的四本專書時，我們常常感慨說現在已經不存在當年那種大片無人探索的山區了，我們怎麼寫都無法還原那種山高水長的筆調，更何況在社團人數減少的情況下，我們兩三年所累積的長程隊伍數量還不如學長姐們某年暑假出去的隊伍數字。

不過，我們探勘未知的初心是一樣的。

太平山的霧雨冠絕全臺，代表物種調查、警備道路、林產開發的人群走入山區，在迷濛中各自譜寫故事，又各自交纏、散落，如加羅湖群點點的水塘。而其中最令我醉心的無非是林場留下的遺跡。工作聚落的興起、凋敝到解體不僅是森林產物被大規模測繪、肢解、輸送年代遺留的痕跡器官，每每在升起薰人的火堆時，都好像可以在火星劃過的軌跡中看到山林前線的工作人員以白米酒佐松濤的月夜。這些人後來都去哪裡了，他們看到的山林又是如何，當年蜿蜒於山腰上的鐵路工程又延伸至哪？我們若只走在現在的山林、看著眼前的蒼翠而發出這些提問，很難不爲眼前沉默的綿綿細雨和長滿苔蘚的巨大樹頭所困惑。在資料逐漸出土、史料逐漸透明如玻璃底片時，兩者的交疊反而把我們引入太平山的層層迷霧中。到頭來，我們還是與學長姐們相仿，以雙手撥開蓁莽、雙腳踏過磧石，穿過層層的漢字假名抵達歷史的現場，走進山岳先行者的足跡視野，歌詠我們年輕氣盛的互信與單純。

那麼，就開始提筆寫下吧。即使文字不夠細膩、考證未臻成熟，我們還是希望趁著記憶尚未完全爲苔蘚眞菌所蝕，把我們在太平山、大元山這因爲檜木蓄積而曾經喧鬧一時的檜鄉之所見所聞記錄下來，一如我們在夜晚的帳下講故事給朋友聽一般。書稿逐漸寫成的這兩年，有些新伙伴加入登山社的行伍之中，卻也有伙伴因爲意外而永遠地與我們脫隊了，而從遠方山上捎來大景線工寮、馬海濮岩窟等地景消失的訊息更是在在提醒我們所能抓住的眞的很少很少。是以能夠在大學這個階段，以探勘這種形式見證太平山、大元山林業的傾頹，也同時爲自己和夥伴這幾年在山上共度的歲月立傳，我很榮幸。

《檜鄉夜語》主編

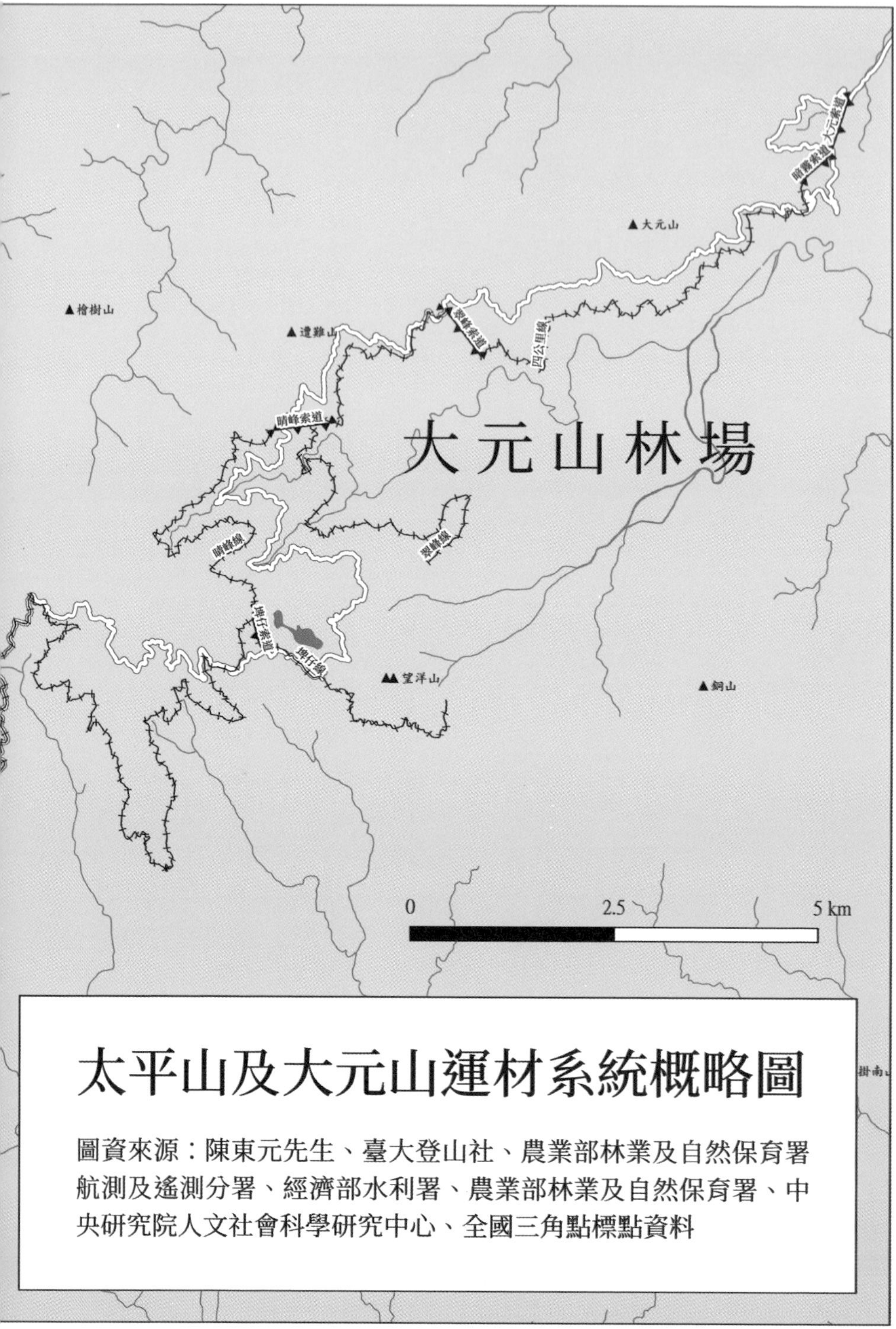

太平山及大元山運材系統概略圖

圖資來源：陳東元先生、臺大登山社、農業部林業及自然保育署航測及遙測分署、經濟部水利署、農業部林業及自然保育署、中央研究院人文社會科學研究中心、全國三角點標點資料

棲蘭苗圃
羅東森林鐵道
多聞
西馬縫山
臺七甲
鳩澤線
仁澤索道
多望山
十字路山
多望山西峰
十字路線
神代山西北峰
舊太平山
白嶺索道
白糸線
イキリ溪線
新太平山
神代山
コウレン(鴻巒)
日向台索道
見晴山
白糸索道
太平山線
追分索道
カラサン(加羅山)
加羅山索道
フナハン索道
見晴線
見晴索道
カヤマイ主線
カヤマイ索道
カヤマイ支線
加羅山
多門山
茂興線
獨立山索道
南峯前線
佐宇溪
獨立山線
檜山
スコイシ(須古石)
見晴山

太平山及大元山區域探勘及隊伍列表

李逸涵

太平山及大元山一直是登山社的熱門登山地點，近二十年間就有八十餘支隊伍造訪此處。不過，這些隊伍主要是二至三天的短程路線，常見的有加羅湖群、太加縱走、加羅山神社、大元國小等路線，四天以上的隊伍則不常見，大多是前往南澳古道沿線舊社，在下山時因爲取道四季林道或翠峰湖才勉強摸到太平山的邊。這樣的隊伍型態大致體現出太平山區域爲交通動線切斷的特性，是以，過去太平山的探勘活動大多是以串接山頭之稜脈探勘，或者是以既有的路線爲基礎，試著找尋比傳統路更便捷快速的山徑。

不過，從二〇一四年「舊見晴」隊伍開始，社團以平均每年三隊的密度在太平山以及大元山地區進行探勘，且不約而同地把探勘的主要目標放在林場留下之遺跡。值得

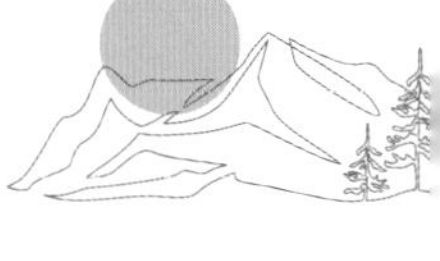

注意的是，此地的區域探勘與先前幾次區域探勘的模式並不相同，後者常是以全社團人力投入，在幾年內以密集的長程隊伍進行同一地區的踏查，但針對太平山及大元山區域的踏查則相對鬆散，以自發性的短天數隊伍逐步完成該地區各伐木聚落的探訪。這樣非計畫性的主題探勘會發生在這個十年，或許與資料開放以及電子地圖的浪潮有關。例如羅東林區管理處在過去幾年的時間裡整理、出版不少太平山的專書，主題涵蓋口述史、古道史、自然發現史，使得太平山的歷史縱深愈發立體，而中研院人社中心地理資訊科學研究專題中心所建置的「臺灣百年歷史地圖」以公開線上的圖資套疊提供不少點位資訊，於此同時，登山社開始推廣使用地理資訊系統，將過去探勘成果有效彙整分析，以上種種皆使空間及史料的疊合變得容易。大元山方面，則是有大元國小校友陳東元先生戮力收集大元山山區的舊航空照片，爲林場設施提供寶貴的空間對位，使得實地勘查更加容易。

雖說踏查地點大多未留下顯著之遺跡，很多時候僅能以現場遺留下的器物得知該處曾有日治時期或戰後的生活痕跡，但透過與留下的文獻及照片之相互比對，太平山的區域探勘相信可走出其獨特迷人的一頁。近十年來，概近完成舊太平山、新太平山以及大元山區域重要伐木聚落、設施之定位及實地踏查；茲列有重要發現之隊伍基本資訊如下：

隊伍名稱：舊見晴
日　　期：2014/12/6—2014/12/7
領　　隊：陳慈楨
隊　　員：陳俊強、詹征緯、魏嘉儀、陳凱眉、王儀君、李孟恒、李承諭、杜懿修、張廷光、陳子龍
行　　程：D1：太平山見晴懷古步道入口—舊見晴C1
D2：C1上切至太加縱走步徑—多門山—太平山
勘查結果：沿著見晴線調查至舊見晴

隊伍名稱：魚躍鐵道見晴天
日　　期：2015/3/21—2015/3/22

領　隊：陳美孜

隊　員：李昱成、陳郁茹、黃思維、簡家芸、徐聖堯、蘇于瑞、王亮澄、謝銘、林奕君、温凱傑、呂柏翰

行　程：D1：見晴懷古步道—舊見晴—1855稜C1

D2：C1—太加縱走步道—太平山

勘查結果：見晴線後段探路

隊伍名稱：日向神代

日　期：2015/10/17—2015/10/18

領　隊：温凱傑

隊　員：陳郁茹、黃思維、楊斯顯、魏嘉儀、吳孟寰、洪培芳、陳美孜、呂柏翰、陳彥廷、楊東霖、顏依凡、周佩薇

行　程：D1：神代山登山口—嘉平林道↕神代神木↕神代池—舊太平C1

D2：C1↕日向臺—嘉平林道—四季

勘查結果：沿加羅山線調查至日向臺

隊伍名稱：十字路神代
日　　期：2016/8/5—2016/8/7
領　　隊：黃湘君
隊　　員：莊奇凡、林奕君、陳慈楨、陳郁茹、温凱傑、洪培芳、楊東霖、徐碩瑜
行　　程：D1：鳩之澤—十字路山—H1364後鞍C1
D2：C1—H1359峰—神代山—嘉平林道↕給給池—加羅山神社C2
D3：C2—嘉平林道—留茂安
勘查結果：踏查十字路駐在所以及舊太平山聚落

隊伍名稱：大元長春
日　　期：2017/3/18—2017/3/19
領　　隊：李逸涵
隊　　員：温凱傑、黃思維、陳俊強、陳慈楨、陳郁茹、王翊芬、陳俊諺、朱亮愷、陳孟賢、蔡思妤
行　　程：D1：寒溪—古魯溪匯流口—中間—平元林道↕四公里—大元國小C1

D2：C1—十字鞍部—中間—寒溪

勘查結果：踏查大元山林場「中間」、「四公里」、「大元山」等聚落

隊伍名稱：期中追分大作戰

日　期：2017/4/22—2017/4/23

領　隊：李逸涵

隊　員：陳俊強、陳慈楨、楊斯顯、温凱傑、陳郁茹、陳俊諺、何信佑、辜禹傑

行　程：D1：太平山公路17.5K—白嶺溪C1↔鴻嶺線（コウレイ線）

D2：C1—イギリ溪線—太平山公路16.5K

勘查結果：踏查イギリ溪線、鴻嶺線，並找到嘉羅山工作站、舊白嶺

隊伍名稱：土場三合出鳩澤

日　期：2017/5/28—2017/5/29

領　隊：李逸涵

隊　員：黃思維、陳郁茹、楊東霖、張喬惟、鄧爲寧

行　　程：D1：土場—舊土場—鳩之澤線隧道北口—土場溪C1

D2：C1—鳩之澤

勘查結果：踏查舊土場，找到鳩之澤隧道、鳩之澤線工寮

隊伍名稱：古道加羅

日　　期：2017/9/22—2017/9/23

領　　隊：楊東霖

隊　　員：黃思維、呂俊宏、林嘉心、李逸涵、陳郁茹、張喬惟、陳俊諺

行　　程：D1：四季—嘉平林道—南澳四季古道—ムルロアフ駐在所—加羅湖—閃電池C1

D2：C1↔太極池—加羅湖—巨木登山口—四季

勘查結果：踏查須古石線到ムルロアフ駐在所之南澳四季道路

隊伍名稱：多聞溪拆橋大隊

日　　期：2017/11/11—2017/11/12

領　　隊：李逸涵

隊　　員：楊斯顯、黃思維、呂俊宏、温凱傑、陳芃、周佩薇、楊東霖、楊芊奕、辜禹傑、姚尹舜、毛意璇

行　　程：D1：見晴懷古步道口—舊見晴—白嶺溪C1

D2：C1—X1855—見晴懷古步道口

勘查結果：尋找多聞溪鐵線橋橋頭但無所獲；於下切多聞溪底時意外找到ブナハン上

隊伍名稱：尋幽峽月月對峽

日　　期：2017/12/2—2017/12/3

領　　隊：黃湘君

隊　　員：洪培芳、張俊彥、林奕君、姚尹舜、林益帆

行　　程：D1：四季—巨木登山口—加羅北池岔路—加羅妹池—H2020舌頭稜C1

D2：C1↕峽月—加羅湖—巨木登山口—四季

勘查結果：自加羅湖妹池下切探訪峽月工作站，並踏查カヤマイ主支線

隊伍名稱：神嶺落白留太平
日　　期：2018/2/23—2018/2/25
領　　隊：李逸涵
隊　　員：温凱傑、洪培芳、蔡威龍、温卉瑜、陳俊諺、黃湘君
行　　程：D1：太平山公路16.5K—白嶺溪—落合C1
D2：C1—大留岔稜↕大留—白嶺溪—加羅山神社C2
D3：C2—神代山—留茂安
勘查結果：自舊白嶺下切，探勘落合至舊太平山聚落

隊伍名稱：狡猾天狗上蘭臺
日　　期：2018/5/19—2018/5/20
領　　隊：許博程
隊　　員：李逸涵、楊芊奕、黃思維、林以恆
行　　程：D1：土場—田古爾溪—土場地熱發電廠—田古爾溪C1
D2：C1↕蘭臺線—田古爾溪—土場

勘查結果：踏查蘭臺線以及土場地熱發電所

隊伍名稱：再戰比亞豪

日　　期：2018/9/4—2018/9/8

領　　隊：李逸涵

隊　　員：陳芃、黃湘君、黃思維、陳俊諺、許博程

行　　程：D1：太平山—多門山—茂興線—莫很溪C1

D2：C1—獨立山索道著點—嘉平林道—比野巴宅岔—次考干溪C2

D3：C2↔比亞豪社—次考干溪C3

D4：C3—比野巴宅岔—鐵牌營地C4

D5：C4—林字瀑布—嘉平林道—四季

勘查結果：踏查獨立山索道發送點及著點

隊伍名稱：元翠尋七

日　　期：2018/9/22—2018/9/24

領　隊：陳芃
隊　員：李逸涵、温卉瑜、巫宜謙
行　程：D1：翠峰湖—南澳北溪C1
D2：C1—七號坑索道著點↕七號坑索道發送點—平元林道—大元國小C2
D3：C2—十字鞍部—古魯林道
勘查結果：踏查翠峰線、二號集材機聚落以及七號坑索道

隊伍名稱：元氣彈
日　期：2018/10/27—2018/10/28
領　隊：陳芃
隊　員：李逸涵、林明彥、陳美孜、楊斯顒、許博程、姜齊濠、吳璉昀
行　程：D1：寒溪—古魯林道—中間↕暗霧索道發送點—平元林道—大元國小C1
D2：C1—平元林道↕四公里—十字鞍部—古魯林道—寒溪
勘查結果：探勘暗霧索道發送點

隊伍名稱：晴翠十六峰
日　期：2019/2/28—2019/3/3
領　隊：陳芃
隊　員：李逸涵、楊東霖、黃湘君、陳儒雅、華方綾、黃品函、王彥喬、吳璉昀
行　程：D1：遭難山登山口—晴峰索道發送點C1
D2：C1—南澳北溪—晴峰索道著點—遭難山C2
D3：C2—十六分山↔十六分山索道發送點—大元國小C3
D4：C3—古魯林道—寒溪
勘查結果：探勘晴峰索道發送點、著點，找到宜蘭林管處所屬十六分山北側索道

隊伍名稱：請問芳銘
日　期：2019/7/27—2019/7/28
領　隊：吳璉昀
隊　員：李逸涵、黃湘君、陳芃、李芙蓉、陳政遠
行　程：D1：芳山登山口—2019峰前C1↔芳山

D2：C1↔中興崗聚落—芳山登山口

勘查結果：尋找中興崗紀念碑及晴峰線路尾聚落，但未果

隊伍名稱：加羅林場尋索道

日　　期：2019/10/27—2019/10/28

領　　隊：陳冠郡

隊　　員：姚尹舜、洪培芳、温卉瑜、黃振剛、蔡威龍、劉毓欣、吳璉昀、李逸涵、林聖義、詹佳倩、施育婕、陳聿哲、高曉陽

行　　程：D1：四季—巨木登山口—四季林道—源伏地索道—土場溪匯流口—嘉平林道C1

D2：C1↔加羅神社—嘉平林道—加納富溪—四季

勘查結果：從加羅山北側林道尋找源伏地索道，僅尋得片段；在靠近土場溪底找到空日線殘軌

隊伍名稱：神代鳩之澤

日　　期：2020/11/28—2020/11/29

領　　隊：李逸涵
隊　　員：薛克昭、温凱傑、張騫翮、許靖雅
行　　程：D1：頂茂安—神代山西北峰—嘉平林道—神代山C1
D2：C1↔鴻嶺線—十字路山—鳩之澤
勘查結果：探勘神代山東南稜之十字路線

隊伍名稱：加太金老
日　　期：2021/11/13—2021/11/14
領　　隊：吳杰彥
隊　　員：張騫翮、李逸涵、楊東霖、吳璉昀、洪培芳、王彥喬、陳正康、賴彥萍、陳昊瀚、潘婕宇、林宏祐
行　　程：D1：太平山森林遊樂區—多門山—多望池—莫很溪C1
D2：C1—情人池—加羅湖—巨木登山口—四季
勘查結果：踏查金老駐在所附近茂興線鐵道

隊伍名稱：見晴古道下多聞溪
日　期：2022/3/12—2022/3/13
領　隊：戴偉翔
隊　員：張騫翮、李逸涵、吳杰彥、沈立遠、呂爲、洪培芳
行　程：D1：見晴懷古步道口—舊見晴—X1855—多聞溪C1
D2：C1—舊見晴—見晴懷古步道口
勘查結果：踏查舊見晴，原預計到多聞溪但時間不足

隊伍名稱：加羅找貯木池及伏地索道
日　期：2022/4/16—2022/4/17
領　隊：張騫翮
隊　員：薛克昭、温凱傑、洪培芳、徐子涵、吳杰彥、許芷瑄、王彥喬、郭芸寧、劉書瑜、沈立遠、葉祐誠、金威澄、戴偉翔、黃思維、楊婕伶
行　程：D1：四季—巨木登山口—源上—源下—嘉平林道C1
D2：C1—土場溪—門之澤貯木池—給給池—嘉蘭池—加納富溪—四季

勘查結果：踏查門之澤

隊伍名稱：北池神社加羅秋

日　期：2022/9/9—2022/9/11

領　隊：楊婕伶

隊　員：劉書瑜、沈立遠、許博程、高曉陽、黃思維、賴明佑

行　程：D1：敦厚橋—加納富山—加羅神社C1

D2：C1—多望溪—X1930—加羅北池C2↔カヤマイ索道發送點

D3：C2—加納富溪—四季

勘查結果：從舊太平山上切到加羅北池路上找到カヤマイ索道發送點聚落

隊伍名稱：加羅中秋團

日　期：2022/9/9—2022/9/11

領　隊：張騫翮

隊　員：黃湘君、陳芃、吳杰彥、鄞甯襄、温卉瑜、王亭勻

行　　程：D1：見晴懷古步道口—舊見晴—多聞溪C1
D2：C1—多聞溪俱樂部—加羅北池C2↔カヤマイ索道發送點聚落
D3：C2—四季
勘查結果：探訪多聞溪俱樂部，路上找到カヤマイ索道發送點聚落

隊伍名稱：上平蘭臺
日　　期：2023/3/11—2023/3/12
領　　隊：張靜遠
隊　　員：李逸涵、吳杰彥、黃湘君、楊芊奕、劉書瑜、許博程、王亭勻、林宛潼、潘婕宇、鄞甯襄
行　　程：D1：中華電信太平山機房—上平—田古爾溪C1
D2：C1—太平山公路↔蘭臺
勘查結果：踏查上平索道發送點、白嶺索道著點

隊伍名稱：神代大留
日　　期：2023/6/22—2023/6/23
領　　隊：劉書瑜
隊　　員：李逸涵、徐子涵、張騫翮、黃思維、林宛柔、許芷瑄、吳杰彥、王亭勻、陳冠郡、楊婕伶、張靜遠、丁昱瑄、陳維庭、許明智、陳倍恩
行　　程：D1：茂安橋登山口—神代山西北峰—嘉平林道C1
D2：C1—日向臺—征矢野鶴吉之墓—日向臺索道發送點—C2＝C1
D3：C2—神代谷—十字路山—樫木平—鳩之澤
勘查結果：探訪日向臺、日向臺索道發送點，意外發現征矢野鶴吉之墓

隊伍名稱：時雨白嶺追香林
日　　期：2023/7/4—2023/7/8
領　　隊：楊婕伶
隊　　員：黃思維、李逸涵、陳俊諺、劉書瑜、鄭甯襄、陳品豪、林宛柔
行　　程：D1：太平山公路17.5K—白嶺溪C1

D2：C1—嘉羅山工作站—追分索道發送點—カヤマイ主線C2
D3：C2—香林—カヤマイ支線—大嶺工作站C3
D4：C3↔峽月工作站—加羅湖妹池—加羅湖C4會師
D5：C4—四季—牛鬥會師

勘查結果：探訪嘉羅山工作站、追分索道發送點，踏查鴻嶺線、カヤマイ主線、支線，探得香林

隊伍名稱：須古石加羅湖
日　　期：2023/7/6—2023/7/8
領　　隊：沈姵昕
隊　　員：潘建源、洪培芳、楊東霖、吳昇祐、陳皇奇、張庭禎、張靜遠、許明智
行　　程：D1：四季林道—嘉平林道—栂尾—中尾C1↔里尾
D2：C1—給里洛山—加羅湖C2會師
D3：C2—四季—牛鬥會師

勘查結果：探訪須古石線沿線聚落，踏查須古石線到ムルロアフ駐在所之南澳四季道路

隊伍名稱：見嶺晴櫸

日　　期：2023/9/16—2023/9/17

領　　隊：沈立遠

隊　　員：吳璉昀、戴偉翔、温凱傑、陳俊諺、林雨芳、沈律旻

行　　程：D1：見晴懷古步道—1913峰下切—白嶺溪C1↕ブナハン索道著點

D2：C1—ブナハン索道發送—見晴—見晴懷古步道

勘查結果：探訪ブナハン索道發送點、ブナハン索道著點

目錄

太平山之部

大元山之部

大元山初探

李逸涵

林場探勘的起點

雖然說記憶常常是不準確的，但如果說要爲當初跑到學校的博雅館去聽登山社迎新茶會找個合適的理由，我會很樂意把這段走了八年的山路的起點定位在甘耀明筆下的菊港山莊。在跟著古阿霞、帕吉魯跟靈動的浪胖走過小火車仍然通行的林田山林場後，想要親眼去看看那個時代的念頭便不斷萌芽。而後來，登山社以勘查爲主的登山型態也確實很符合當初對爬山的期待，只不過自己在社團登山的起點卻是歪到新城火車站外、鐵皮工寮底下失眠的夜，翌日在重重藤蔓的包圍下不知爲何的前進再撤退。

想要探訪林場遺跡的念頭持續按在心底。記得那是在從油婆蘭山、推論山走下陡峭

的天梯，沿著林道走回松茂水文站的路上，思維學長問：你有沒有想去的地方？當時才剛要完成第三隊的我尚覺自己經驗不足，應該還沒辦法很好地勝任隊伍領隊的職責，所以只是順口應了說還不知道而已。不過，從那之後，便開始留意相關資料。不久後，在網路上偶然看到「大元山林場」，雖說出材量名列前茅，但與後來轉型成森林遊樂區的三大官營林場相比，可說是沒沒無聞，即使近年林業史叢刊大量出版亦名不見經傳，僅有在太平山相關書籍中才偶而會看到有關它的吉光片羽。但留有林場作業的遺跡以及過往探訪的登山隊口中繪聲繪影的盜伐情事，還是讓這個林場變成一條按在共同筆記之下的口袋路線。

初見這張大元山林場的照片時，鐵路與翠峰湖既衝突又和諧的畫面便深深地烙印在我腦海裡。若要爲《邦查女孩》挑一張照片當作故事發生的舞臺，我想這張埤仔線與翠峰湖的合影再適合不過了，畢竟林田山鐵道雖說開上中央山脈主脊，但可沒有與七彩湖呈現如此迫近的樣態。出處：陳東元先生提供

關於大元山

二〇一七年初，在累積一定經驗後，決定來實地造訪一下大元山，並且開始蒐集林場的相關資料。當時造訪大元山的登山隊大多僅是到以大元山工作站、大元國小爲核心的聚落群，對於林場其它聚落、運材路線並未著墨；對於一九七四年林場裁撤後最完整的踏查紀錄應是羅元佑先生之碩士論文，其中包含對「中間」、「四公里」以及「大元山」等三個聚落的實地踏查及平面圖描繪，而大元山的運材路線亦在地圖上逐漸舒展開來：古魯爲平地運輸段的起點，向上以「大元」、「暗霧」兩段索道接「四公里線」，沿著大元山南麓向西延伸，途中建有「四公里」、「大元山」兩聚落。在林場仍然運營的時期，大元山設有事務所、派出所、國小、招待所、宿舍、澡堂、食堂、醫務室、苗圃等設施，而四公里則有機關車庫、發電所、鋸木工廠、油庫、火藥庫等。除了登山踏查紀錄，大元山林場還散見於新聞、散文、電影之中，一九五五年開鏡的《翠嶺長春》卽是以大元山、太平山爲拍攝場景的保林教育片：

> 「翠嶺長春」又名「綠野芳蹤」，是一部文藝巨片，文藝片在自由中國雖未算為首創，毫無疑問的，它將是一部欣賞能力較高的片子，觀乎臺製對該片的重視，不難想

見，這部片子將來在影壇上的價值。

它的內容是充實的，題材是新穎的，山地青年男女的戀愛故事也許平凡，我國固有的倫理道德，也許通俗，但它是一部別開生面的片子，林業是本省的特產，是國防工業之一，造林，保林，是今日的要務，林業增產，尤為迫切，寓教育於宣傳，寓宣傳於娛樂，這是本片的特色。（民聲日報，中華民國四十五年三月十七日，第六版）

和電影外景隊同樣來到大元山的，還有作家文人：

青年寫作協會組團　訪問宜蘭縣　一行今由臺北出發

【本報宜蘭訊】中國青年寫作協會，將於今（十二）日組團來宜訪問，並前往大元山參觀林場體驗山地生活情形，供作寫作的題材，該團一行二十八人，訂于十二日上午由臺北出發，當日中午抵宜，旋赴大元山，十三日至大元山展開採訪活動，十四日返宜蘭訪問各機關學校，即將來宜的二十八位作家，都是在文壇上素負盛名的，宜蘭縣各界將舉行盛大的歡迎會。茲誌該團名單如下：蘇雪林，韓道誠，聶華苓，謝冰瑩，劉心皇，劉枋，熊茂生，葛賢寧，楊群奮，覃子豪，馮放民，張英，張自英，張萬熙，郭嗣汾，郭衣洞，梁中銘，夏承楹，韋雲生，姚明，祝豐，林含英，冷楓，李曼瑰，李辰冬，朱介凡，包遵彭，王紹清。（臺灣民聲日報，中華民國四十五年四月十二日，第四版）

在這些短暫造訪大元山的旅人資料之外，還有林場遺民的自述。在搜尋大元山的資料時，很難不被陳東元先生個人網站內的豐富故事及海量的舊照片所吸引。身爲伐木工之子，童年成長於大元山及翠峰湖山水間的回憶，在經過四十年後，逐漸發酵爲對於故鄉傾頹於蘭風細雨中的力挽狂瀾。於是，我這個從未踏上大元山土地的後到者才得以藉由老照片窺看斧斤未入的森林、書聲琅琅的山中小學以及穿梭於危橋絕壁間的運材動脈。

於焉，大元山的形象逐漸立體豐富，現在只缺使其疊合、上演的空間了。

大元山聚落。每次看到山區聚落的舊照片，都不免想當年在這裡生活的人都去哪裡了？照片中的建築如今又是什麼光景？出處：陳東元先生提供

初探大元山

二〇一七年三月十七日晚，我們趁著夜色自臺北出發抵達寒溪。寒溪位於蕃社坑溪畔，是現今大元山林場平地運材路線上第一個聚落，也是大多前往大元山登山的隊伍會選擇過夜的前哨站，不過未必會像我們一般選擇露宿在國小的走廊之下。是夜涼爽，竟也一夜好眠。隔日一早，驅車前往古魯林道行車終點，此處位於蕃社坑溪畔，並如同大多林道，在重要關口設有柵欄以阻擋山老鼠車輛長驅直入。從這裡開始，林道的路幅卽爲夾道的雜草占去不少，不過摩托車的胎痕仍沿著林道持續延伸，輾出清晰的路底。一旁斑駁的路牌寫著「古魯林道 翠峰湖—古魯 長度28.00公里」，而下方的彈孔顯示此處應還有獵人行蹤，在獵況興盛的山區常常可以看到廢棄的路牌被用來試槍。古魯林道原本沿著蕃社坑溪西南支流而上，至大元山—蕃社坑山連稜中間的十字鞍部後續往西抵達大元山苗圃，然而由於年久失修，在中途的古魯瀑布附近路基就已坍方，故後續的登山隊利用獵人開闢之路徑，改由蕃社坑溪東南支流上溯至十字鞍部，再接回林道續行。爲了盡量還原林場時期的走法，我們選擇從蕃社坑溪兩支流匯流口南側的稜線直接上切，抵達「中間」聚落後再沿林道走到十字鞍部。

沿著古魯林道徐行，幾處與無名支流交會之處皆水流潺潺，氣候資料顯示大元山區降水量最少的月分爲三四月，但「雨水之鄉」的稱號畢竟不是浪得虛名。不久，道左出現岔路，夾道開滿杜鵑花，爲林務局南澳工作站古魯駐在所，門窗緊閉，無人駐守。前行不遠處爲大元派出所，同樣人去樓空。沿著草叢中的路跡前行，走到一顆以噴漆書寫「浪本」二字的大石後，不久卽遇到預定上切之稜尾，在附近尋找適合的上切點，不久在偏東的樹林下發現有人爲清理過之路跡，遂沿路上切，約五公尺竟在草叢中遇到一段水泥階梯，旁邊還有紅色欄杆，莫非是連接索道發送點與著點的山路？沿階梯上升後不久見到一座仍在使用中的獵寮，看來此處眞的有不少獵人出沒，對於後面的路況也就更加期待。果不其然，循稜線上切，沿途皆是在黃藤、蕨類中刻意砍出的康莊大道，更一路插有鋁箔包、寶特瓶等垃圾作爲路標。雖然不知道開闢這條路的究竟是獵人、山老鼠或是林務局巡山員，但總之我們帶著感激的心情，一面眺望著蘭陽平原、弧形海灣及其對望的龜山島，一面快意攀升。

「中間」索道聚落

一個小時後，我們順利接回古魯林道，在此下背休息，並沿林道往北尋找中間聚落，不久在林道北轉西處發現聚落遺跡。中間聚落同時有暗霧索道著點以及古魯索道發送點，其北側則爲古魯林道通過，自林道往南方上切一小段卽會接到一處平臺，在此對照羅元佑先生論文所附的聚落平面圖，四處尋找先民生活的遺存。依論文以及陳東元先生的資料，中間應留有一個俗稱「流水」的重錘，是舊時索道運輸時用以輔助客車上升用的配重裝置，而我們確實在雜草叢生的平臺上找到一個八角椎狀的水泥塊。

古魯，經索道坐纜車上山。我們一伙人分為三批上去。好多人是第一次乘坐這種交通工具，雖知其安全、保險；但看它懸在空中滑上滑下，腳不著地，終有欠穩妥之感。假設那鋼索忽然斷了？假設在拉曳時出了故障把你懸在半空？假設那鋼索上滑動的小輪兒出了軌？假設突然一陣狂風暴雨來襲，同人們不免幽默起來，相互嘲笑。聽說，前不久某個林場曾有纜車失事，死傷了好幾個人。這比之汽車相撞，來得驚險多了。

中間索道發送點與現今位置對照。當年朱介凡一行人從古魯搭乘中間索道，到中間之後再換乘暗霧索道

　　索道，一如一般交通工具，在林場中的作用，是為運輸木材而設。我們目之為纜車者，不過是一個木櫥櫃，上端四周開了窗，有點像「站籠」一樣，若劉光炎之胖，劉心皇之高，置身其中，就不能不十分「屈就」了。這玩藝兒並沒有加鋼條箍束，人擠在裡面，歪斜了身子懸空而上。常常的，人人都有這麼一個感覺，要是那筍頭卯眼之處，忽然脫節了，怎麼辦呢？……索道高處，有制動機操縱。每拉曳一個纜車上來，必須同時輸送約五噸重的木材下去，利用這下降的重量化為動力，使另一軌索發生了拉曳的作用，上拉約莫三分

之二的地處，這動力用盡了，就將一個重鐵錘放下去來補助。全個過程，是力的表現！

（上大元山，朱介凡，《台灣紀遊》，復興書局，1961年4月）

「光立嶺」

在荒煙蔓草中就著舊照片、平面圖懷古了一小時後，繼續沿著路況極佳的林道前行，不久後來到十字鞍部。在伐木的年代，續下南澳北溪的林道在此與平元林道交會，此地在日治時期亦曾是大正八年（一九一九年）「蕃地寒溪道路」修築時挖出三十具人類白骨的地方，據學者考據可能爲光緒十五年（一八八九年）劉銘傳之侄、宜蘭廳管帶劉朝帶率部隊開路時，被泰雅族人埋伏、戰死的「光立嶺」：

宜蘭廳南澳支廳管轄區域內，由「斯打洋」至「流興」的交通路，由警察職員進行的工程預計將在七月全部完成。在斯打洋駐在所經古魯，通過大南澳北溪上游的小鞍部附近，發現約三十具白骨，並發現了一些毛瑟槍的彈丸。這些白骨被挖掘與安葬，並對其來源進行調查。據說，這些遺骸可能是光緒十五年臺灣巡撫劉銘傳的南澳討伐隊的成員。

小南澳山移住地的頭目「伊萬拉哈」說，大約三十年前，當農作物的收成結束時，人數較多的清國兵在對溪頭蕃的討伐中戰敗了，後續有更大規模的軍隊準備向南澳進攻的傳聞傳到了他的耳中。因此，蕃丁「尤幹拉哈」（現在是寒死人溪移住地的頭目）和其他幾個人前往阿里史庄進行偵察，以確定傳聞的真實性。

大約一個月後，清軍以溪頭群的原住民婦女「畢利亞莎韻」為嚮導，全軍一起出發，經由斯打洋和上方的鞍部，進入南澳北溪上游，展開攻勢。但是，南澳蕃在右側的鞍部和北溪上流的兩處設置了約三百名的伏兵，等待清軍上鈎。

清兵的先頭部隊已經越過小鞍部，下到北溪上游的沙洲上。此時，伏兵四起，從前後衝擊，有著明顯的優勢，清軍遂潰亂而退卻。占上風的原住民遂趁勢追擊，沿著小鞍部北方的溪谷追殺清軍，肆意屠殺。

此次戰鬥於早晨陽光稍高之時開始，僅持續約兩個小時，但掠奪到的槍枝和彈藥卻頗為豐富。在五百名清軍中，僅有極少數人生還。原住民死傷約五十名，其中戰死者有二十七人。現在住在寒死人溪移住地的頭目「尤幹拉哈」，右眼至上唇左側的傷痕即是在此次戰鬥中被槍擊所致。（臺灣總督府警務局編，〈人骨發見ト劉銘傳ノ南澳蕃討伐軍敗衂ノ傳說〉，《理蕃誌稿》第四編，頁五一八，臺北：臺灣總督府，一九三四。）

如今的十字鞍部僅存荒廢林道遺留的草生平臺，但從樹林間隱約可見南澳北溪廣袤的溪床，南側的水源山稜線在霧氣中若隱若現。往大元山方向續行，原先紀錄中芒草夾道的林道竟變得清爽好走，途經幾段林道崩塌需繞行的路段皆不難走，幾處清新的小山溝也很適時地解去旅人的渴。

「四公里」及大元國小

下午　點多，我們終於來到林道分岔點，平元林道在此分爲上下線，一般隊伍皆沿上線續行，至苗圃後下切大元山聚落；而我們選擇走下線，輕裝探訪四公里聚落。到預定下切點，離開林道後往南沿稜下切，下切將近一百公尺後抵達四公里線路基，鐵軌已拆除，但路基仍明顯。在此見到兩座水泥磚造油庫，沿著四公里線往東，不久便會遇到規模頗大的四公里聚落，其在林場時期設有發電所、機關庫、製材廠以及龐大宿舍群，

大元工作站古今對照

但目前僅剩四散器物以及水泥造油庫。

結束探訪，循著原路回到林道分岔點，續往大元山聚落，不久後來到大元國小、大元山岔路口，此處綁有許多路條，顯示探訪者眾。沿著路條向下，先是一段在柳杉林下踏出的小徑，之後便接上大元山聚落的「中央大道」，拾級而下，兩側爲一階階平臺，苗圃宿舍、招待所、派出所、四公里線等大多傾頹，僅能大致以留存的物品聯想此處原本的用途。工作站是少數仍完好的建築物，植物及雨水雖已蝕穿屋頂，內部遍地的蹄印說

大元國小內寫滿校友留言的黑板

明此地仍能爲山羌山羊遮風避雨。我們拿出大元山工作站的舊照片，試著用錯位的方式拍出古今對比，幸虧駁坎、建物的輪廓尚不至變化太多，倒是工作站前種的小樹如今已參天。

往下不久即可見大元國小第二代的水泥校舍，爲造訪大元山聚落最具標示性的地點，也是大多登山隊選擇紮營之處。我們卸下行囊四處探索，在地板龜裂的教室內見到一塊寫滿留言的黑板，交錯的文字間看到陳東元先生留下的文字：

大元國小！懷念您 心目中最偉大的學校 最有愛心的校園

寫滿文字的黑板宛如大元山工作站聚落的寫照，承載了許多人的回憶，但隨著時間流逝，靜靜地在山裡解離崩壞。大元國小第二代的校舍即便改用水泥建成，在地層滑動下，建物也出現了許多裂痕，或許只要來場大風雨，這一切就將滑落到下方的南澳北溪，如同第一代校舍的命運。

下山後，再瀏覽陳東元先生所架設的大元山網站，在自己實際走過林場一趟之後，對照著遺民留下的照片以及文字，發覺自己在山上經歷的不只是自己走過的一草一木了，而是走進別人留下的身影裡面。於是，一封自我介紹及希望知道更多大元山故事的電子郵件就這麼寄了出去，而我與大元山的不解之緣也就如焉開始。

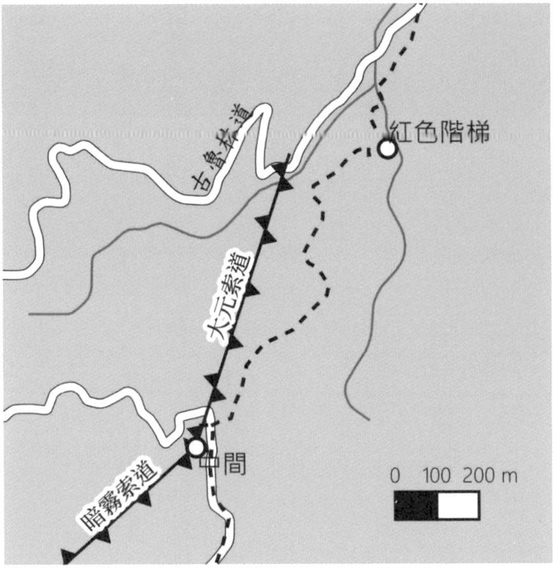
古魯林道
紅色階梯
大元索道
中間
暗霧索道
0 100 200 m

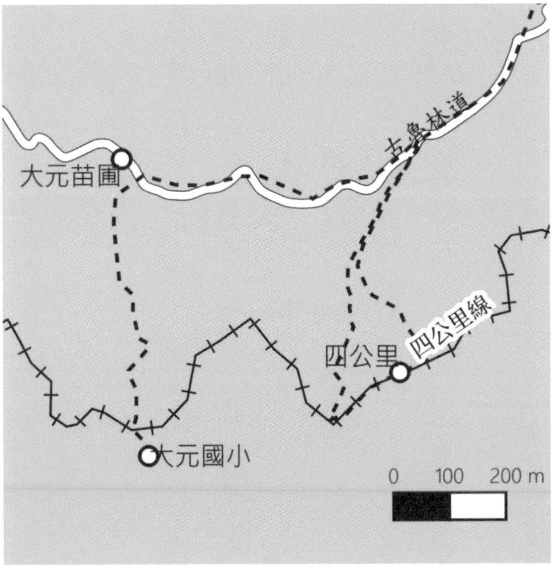
古魯林道
大元苗圃
四公里
四公里線
大元國小
0 100 200 m

中興崗尋根

李逸涵

去過一趟大元山後，決定去信並聯繫上當年在這裡讀書的陳東元先生。在幾次電子郵件往來間，逐漸了解到當時大元山各個伐木聚落空間資訊的不足，在當時較為人所知的僅有大元山、四公里、中間等距離現有的登山路徑不遠的聚落，在資料闕如的情況下想找出其他點位，簡直就是在茫茫的等高線上射飛鏢，若以這樣的條件出發調查，也會在茫茫草木海中迷失。是以，秉著希望可以獲得一個明確座標的目的，從大元山回來不久後，我們安排了一次與陳東元先生的會面討論，我們從他整理的林業技術資料、老照片、口述史中爬梳、推敲可能的位置，同時也提供地圖、航空照片等登山社所熟悉的參考資料給陳東元先生，希望可以從不同的視角交叉定位。那天下午，我們就在登山社凌亂又燠熱的社辦研究著地圖資料，除了討論可能的位置外，也聽陳東元先生山上生活的點滴，但總覺得這些回憶與空間的疊合仍是差那麼臨門一腳。

中興崗

同年八月，受校友之邀參加尋根行程，目標是二十幾年來無人造訪、位置也不明的林場後門「中興崗」。此地一般被林場工人們稱爲「路尾」，而中興崗之名來自於救國團的自強登山活動：

【宜蘭訊】宜蘭縣境內一座海拔一千八百公尺的無名大山，頃決定命名為「中興崗」，將於八日上午十時，當全國男女青年所組之太平山登峰隊登臨時，舉行一項簡單而隆重的命名典禮。

該一古木參天，常年翠綠，而人跡罕到的高山，位於宜蘭縣三星鄉與山地大同鄉之間，屬於蘭陽林管處事業區，盛產原始檜木，唯迄今尚未開發，亦無人為其命名，致未為世人所注意。

據救國團宜蘭縣團委會總幹事甯思庸表示：該山命名為「中興崗」，富有反攻復國中興大業之意義，係他與蘭陽林管處長王國瑞治商後而決定的，俟明天命名之後，將在山峰之巔，興建一座紀念亭，以供遊人遊憩之用。（中央日報，中華民國六十年七月七

日，第八版）

當年肩負起換取外匯、建設國家重責大任的山嶺被取了這樣的名字頗值得令人玩味。兩年過後，中興崗也成了大元山與太平山鐵路接軌的地方，從此大元山林場翠峰湖、遭難山、三星山附近伐出的木材卽可利用太平山林場的三星線運出，此一事件也爲一九七四年大元山工作站的裁撤錘下定音。

不過，這個對大元山林場歷史至關重要的事件，留下的文字紀錄及照片可以說是少得可憐，就唯二留下的照片來看，當年「中興崗」

中興崗命名典禮。據陳東元先生資料，中興崗木匾由游杉期先生在羅東訂製。出處：陳東元先生提供

木區就鑲嵌在一棵老根縱橫的巍峨樹頭之上，頗有當年人定勝天的時代感。不過，就如同其他山裡曾經輝煌、體量龐大的伐木工程，中興崗最終還是隨著林場的裁撤而湮滅在荒煙蔓草之中，甚至都沒機會在地圖上留個標點。一如往常熟悉的作法，我試著從航空照片找尋蛛絲馬跡，從高反射率、在相片上呈現慘白的鐵路線中找出符合當年命名典禮背景的山嶺，但偌大的樹頭在航空照片中也不過就只是個小黑點，自然是一無所獲。在登山社常用的方法無法定位的狀況下，最後僅能相信當年老員工以及校友們走過顛簸運材路的印象，能夠引領我們走回將近五十年前的那場典禮。

出發前得知其他隊友都是大元國小校友，先前都只與社團爬山的我不免對大家爬山習慣的不同有些疑慮，因此出發前還確認了大家裝備有沒有帶齊、午餐行動糧有沒有著落等等；而大元國小的校友們雖然平時偶而也會重返山裡的家鄉，畢竟平時不是一起登山的夥伴，對於相差兩個世代的體力自然還是會比較擔心。不過，事實證明我多慮了。

前往路尾

二〇一八年八月三十日一早，自臺北出發，天氣好得在蘭陽平原上卽可遠眺大霸尖山。我們與其他隊員在太平山森林遊樂區的收費亭會合，一路上大家熱切地聊著以前在山上生活的趣事。此行帶路的是大元山林場退休監工游杉期先生，一九五一年，十七歲的他就因爲家中人口衆多而隨著叔伯離開故鄉南投，來到大元山成爲基層員工；一九六八年起擔任大元山晴峰線三星山一帶的集材監工任務，大元山林場裁撤後隨著機組人員一同調任和平工作站，後調任太平山工作站，任內曾監督鳩之澤索道的拆除工作。一九九四年退休後繼續參與蘭陽林區造林、每木調查等工作，可說是一輩子離不開林業。據陳東元先生的資料，當年奉蘭陽林區管理處處長王國瑞之命，雕刻並豎立起中興崗牌匾的正是游杉期先生。是以，當這趟尋找中興崗的旅途需要一位識途老馬時，當時已高齡八十三歲的他自然是不二人選。

大元山林場九號集材機機組人員，最左邊的就是游杉期先生。
出處：陳東元先生提供

尋根隊隊員，高齡八十幾的游杉期先生（右二）依舊健朗

車過翠峰湖景觀道路，逐漸進入往昔大元山林場的作業範圍，望著以前看過的山林，老校友們不由得停下腳步多拍幾張照片，而我們也放慢車行的速度，希望當年路尾的王牌監工給我們指出前往中興崗的正確路口。很快地，我們來到一處林道岔路口，林務局立了「人車請勿進入、以策安全」的告示牌，不過不用特別的告示牌，光是放眼望去又高又密的芒草就叫人退避三舍了。即便如此，芒草叢中為陽光所裂解的路條殘骸還是表明此條很野的路還是有登山客在利用行走。游杉期先生說就是這裡了，衆人遂開始整裝，準備好草刀、長袖後就往茫茫芒草海中泅去。

一路聽著跟我經驗很不一樣的山林故事，一邊辨認著林場遺物

一路上跟著廢棄林道堅實的路底，我們或以草刀砍開或以肉身壓路前進。被登山社訓練出來的我路上所見僅有等身的高芒草叢跟稀疏的登山路條，不過從小在山上打滾的校友們一路辨識著以前拔來當玩具或者塞進嘴裡充飢的植物，並且跟久未返鄉的同伴們和我這個平地俗分享，一面探問著那個誰的近況、誰家的長輩以前在林場是做什麼的。而即使我的搭檔們年紀都可當我的祖父，但他們推進的速度可不比我慢多少。鑽過芒草叢後，我們來到稜線上，並且看到不少伐木留下的樹頭、鋼纜等遺跡，那時覺得找到中興崗似乎只是時間的問題了。不過，隨著我們一行人爬

上小山頭，見前方的稜線路開始下降，大元國小的校友們覺得與印象中的中興崗不符，這次尋根隊伍的主要目標遂宣告失敗。我拿出事先準備好的字卡，選了個樹頭合影紀念後，遂沿著原路鑽回翠峰湖景觀道路，並到翠峰湖去看看校友們以前抓青蛙的埤仔。

未竟之路

晚上餐敘，帶著地圖及航空照片的我繼續把握機會詢問其他未一起上山調查的老員工中興崗的正確位置，不過平面的圖資畢竟跟山林間的現場經驗有所落差，並沒有什麼結果，只好再問當時開著十輪運材卡車馳騁於翠峰湖周邊林道的駕駛張平東先生，他只笑笑地說，那個地名只是往來山區的駕駛們概念中的一片區域，而且我們這種標下殘材處理的業者，如果土可以賣錢的話連山都可以挖光，怎會留下那麼大一個樹頭不處理呢？

大元山林場的迎神遶境。出處：陳東元先生提供

在尋找林業官方資料時，常會對現場空間資訊的匱乏感到訝異，畢竟一條長達幾十公里的鐵路往往只留下坡度、長度等資料，頂多就是張示意用的手繪地圖，常讓習慣準確座標的我們在尋找遺跡時需花上更多心力比對。不過以山地現場工作的角度來看，這種空間上的不確定一直是常態，人群常隨著工作需要而移動，除行政中心外幾無固定的聚落，所以要找到這些臨時性搭建的據點不僅困難，就林場的經營方式來說，標記這些點位也是沒有實質意義的。此外，心理上的不確定也是他們生活裡的一環，「礦工是未死先埋，伐木工人是死了未埋」，在校友的記憶中，哪個路段有魔神仔出沒、誰的叔叔被木頭砸到、或是在哪一場水災誰的父親再也沒回來一直是固定的話題，是以林場除了常建有廟宇之外，大元山每年亦會請神明上山遶境，祈求全場作業平安。在爬過幾年的山、見聞過朋友有去無回的登山旅程後，對於他們對山林的崇敬也有了更多的體會。

這些年來蒐集的零碎資料，在對比山區的龐大之下，似乎怎麼都不能拼湊出完整的面貌，不過林場居民的過往卻將這些地點從一個目的地轉化爲一個眞實存在的場所。對我而言，登山就不只是走到「那個地方」而已，而是一個理解在這個地理座標之上發生過的各條時間軸，是以何種方式形塑了我所看見的景象之動態過程，走進山林同時也走進他人的記憶之中。

或許我們按圖索驥的從來不是一個座標而已。

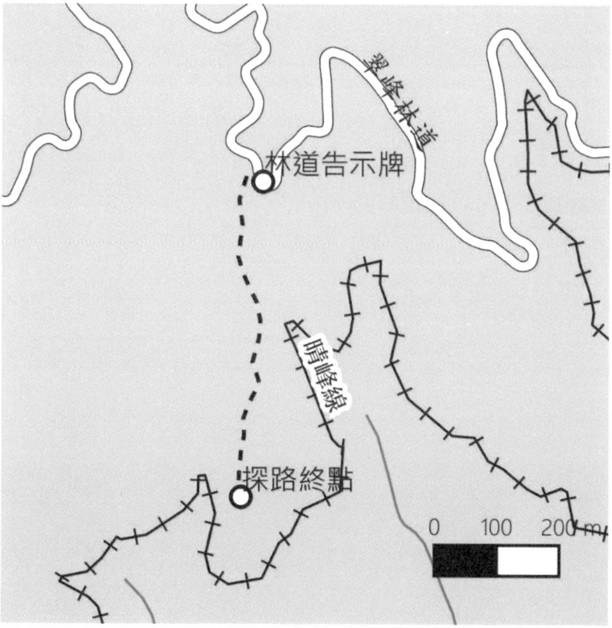

七號坑索道

李逸涵

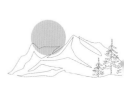

俯視山林

如果我們的尊親和長輩也是這般俯視他們的工作情形，多麼希望也能留下一些足跡讓後世子孫緬懷，聽聽他們拼搏的故事。

二〇一八年四月左右，陳東元先生在大元山校友的Line群組裡面發出這段文字。在這之前，陳東元先生就已經在網路上爲大元山林場建置內容豐富的網站，介紹那個他已經回不去的故鄉；而這段文字，是爲他當時剛完成的航空照片標記作爲引子，利用中研院、工研院、農航所等不同機關所藏的航空照片，補足一般地圖上不會有的、大元山在不同作業階段中各聚落位置的標記。即便不見得能藉由這些座標回到童年記憶中的山區，但至少是個嘗試。

一九四三年至一九四五年，美國陸軍航空隊即開始派遣偵察機對帝國治下的臺灣進行偵照，當時目的在於標示機場、工廠、發電廠等重要設施以及聚落，但航行任務中連續的攝影方式亦留下許多山林的驚鴻一瞥。一九五四年起，爲了瞭解全島森林資源以及土地利用情形，「森林資源及土地利用航測調查隊」成立，山區也就這麼成爲航空鏡頭下的主題；在雲開霧散之際，把握時機將彼時的山林聚焦、成像於底片之上。大元山林場作業的時間跨度亦落在這個有影像爲憑的年代，即便山區的偵照任務往往數年才會執行一次，但伐木作業區由下而上的擴散、運材路線的更迭還是可以從航空照片下窺見。

甫在農林航空測量所的購圖櫃臺看到大元山的航空照片時，首先是一陣如迷航的暈眩感，照片上方並非習慣的方格北，地圖網格被原始的稜脈肌理與水文斧鑿所取代，在地圖上會以不同圖例設色區隔的道路河川等，在黑白的照片上都是高反射率的白色線條，遠離都市計畫之外的構圖令人陌生。「這是你要找的區域嗎？」櫃臺人員如是問道。平時來申請購買航空照片的民眾大多是用以證明自家住宅興建的時間，像這樣亟欲望穿樹冠層的嘗試或許他們也沒遇過。然而大元山聚落群可不是我家屋頂，我僅能從先前走過的平元林道輪廓大概定位，以四公里聚落上方的林道分岔處爲座標系的原點，在它對側稜線上的想必就是大元山工作站聚落。下方廣袤無植被的區域爲南澳北溪上游、近十字鞍部的崩塌堆積出來的河灘地。是的，這是我要找的區域。

二〇一七年三月去過大元山林場後不久，我藉著電子郵件聯繫上陳東元先生，並且帶著航空照片以及地圖會面，希望他能夠協助在地圖上面指出大元山林場各索道的位置。不過童年記憶山區的取景自然不是用這樣俯瞰的視角，而是徒步時取一瓢飲的溪澗、乘坐蹦蹦車時經過稜尾的繞越，以及尊親外出工作時走入的那片山嶺；是以，要明確地在紙上指出索道、鐵道等的位置並不容易，我們僅就回憶所及試著推測各運材路線的大概位置。不過，以傳承大元山的故事爲己任的陳東元先生很快地就循著航空照片這條線索，找出各機構典藏的航空照片，並且在圖上標記大元山各聚落、索道、鐵道。蜿蜒的運材動脈、索道下疏開林木的廊道、以集材木爲中點發散出去如焰火的集材索在高空看來一切客觀而平靜，但它卻又將人們在此生活工作的記憶標定進我們所熟知的二維座標上，這樣二面的屬性很難不讓人著迷。

底片凝結的山嶺

二〇一八年的中秋前夕，我們再度踏上往大元山的山路，但若以整趟旅程的來龍去脈來說，我們更像是走進一九七〇年代的航空底片所凍結的那片山嶺。

出發前一晚，我們再度睡在羅東火車站。夜半仍有火車進站，我們就在往來旅客的目光下席地而睡，九月的蚊子仍多，我們索性拿出爲了中秋節而準備的文旦，以瑞士刀削出皮油聊以驅蚊。在輾轉難眠、起身散心時，發覺宜謙已爲了追逐電風扇而躺到剪票口旁了，讓人哭笑不得。

九月二十二日，早上六點半，翠峰湖環湖步道入口，霧氣瀰漫，寒氣逼人。過去在這條林道開著十輪大卡車載運木材的阿布拉大哥，現在用福斯廂型車載了四株昏睡的小樹。我們一邊不願地發芽伸展，一面跟大哥閒聊說我們要去大元山，藉此拖延一點時間好讓身心開機。阿布拉大哥說不對啊，剛才來的路上不是就經過大元山了？連忙拿了地圖跟他解釋，大哥只是說啊你們的地圖我哪看得懂。後來想想，翠峰湖景觀道路過去作爲大元山及太平山之間運送木材的平元林道，這些運材司機會把三星山過後的路段稱作

大元山也很合理。

早上七時，陽光驅散霧氣，翠峰湖景色無遺開展。我們跨過寫有「平元林道封閉，請勿進入」的柵欄，沿著杳無人跡的平元林道前進。林道已被時間及冠絕全臺的年雨量沖蝕得了無痕跡。隨後，我們在一處平緩的稜線上找到陳東元先生父親所屬的二號集材機機組所留下的生活痕跡，現場僅有鐵管、I型鋼、黑松汽水瓶等器物可供憑弔，當年伐木工人居住的工寮以及翠峰運材鐵路線都早已消失無蹤。

結束翠峰線的探訪後，我們繼續往南澳北溪溪底的預定營地前進，人工林的狀況愈來愈差，我們跨過的倒木、踩進的樹洞不計其數，無論是經驗尚淺的宜謙或是我們幾個老班底都被這障礙賽般的路況整得苦不堪言。草草吃過乾糧後，繼續向南澳北溪挺進，此時天空開始下起大雨，我們一邊頭頂著地圖聊以遮雨，一邊隨著愈來愈大的水聲接近溪底。溪邊白色水花處處，與岸邊黝黑的礫石形成鮮明對比，爲水流摧折的漂流木自新鮮的斷面飄散出檜木香氣，營地附近的石縫中還有臺車輪如石中劍卡著，但我們不必拔出就已有一絲重回林場的味道。自溪底仰望著林場人稱爲翠峰的十六分山連稜，沉在心中一年餘的懸問終於將有解答，而這次這個疑問並不是只有我自己的，而是依託於這片山嶺而存在的集體記憶都要一個座標作爲回答。

七號坑

翌日大晴。我們在攀越一片長著芒草的碎石陡坡後稍事休息。我丟下大背包，到林場人稱「七號坑」的溪溝左岸去看看是否有留存的遺跡，但除了兩個爛到剩渣的鐵桶之外別無所獲。「卉卉說下面有找到駁坎。」回到放背包處時陳芃這麼說，我二話不說立刻下到稜線另一面查看，果不其然，除了房屋的地基外，四公里線的鐵路路基亦很清楚，而拆除工程不會帶走的生活垃圾也還有不少，但遍尋不著陳東元先生印象中索道附近的百香果樹，可能早已隨林班人員的撤離而被大自然所收回；看著附近大片的崩塌地及荒蕪，不免慶幸我們至少還來得及在南澳北溪的側向侵蝕抵達前留下一點紀錄。

乘勝追擊，趁著預報中會有的雨還沒下，趕緊再往上探勘翠峰索道發送點。越過七號坑後，我們不預期地接上一階明顯是人爲開鑿出的山徑，跟著走了一段，發覺它的方向直指上方的索道發送點，看來我們接上以前聯絡索道上下兩端的「山路」了。

七號坑索道著點。出處：陳東元先生提供

七號坑索道著點附近的芒草坡。正中間的溪溝就是七號坑，若回到民國六十年代，抬頭就可望見運作中的索道

回家的路途，除搭運材的蹦蹦車及索道外，就得走山路，這些山路都是用鋤頭隨意挖出，加些石塊或木頭做成台階，克難又難走，走山路是刻骨銘心的記憶。山路又長又陡，小時候沒有背包都是使用約四至六台尺左右的方巾將攜帶物品包起來打結，用手拎著或斜背肩膀，故名「包袱」，放假回家，最主要的事情便是將已經穿兩星期的骯髒衣服帶回去給母親洗淨，山區天寒衣服又厚又重，對六、七歲剛上小學的孩童，有時包袱重量已接近體重，高度接近身高，爬山路時常一邊走一邊哭，加以沒有午餐，既餓又渴，只能拔路邊的野果或野草

充飢，有兄姐照顧的小弟小妹比較輕鬆，沒有兄姐照料的就靠自己，還好同學感情似兄弟姐妹，高年級的同學自然會幫低年級同學拿一段距離，邊鼓勵邊拉，有時還必須用推的，硬是爬上山頂走回溫暖久違的家裡。（陳東元，大元山網站）

在林場時期山路也許是回家最快且唯一的道路，但對於有探勘任務的我們來說，熟悉的稜線路還是最能快速抵達目標的方式，於是

七號坑索道山路。索道上下端通常有山路連接，畢竟索道客車的運轉時間並不固定，若遇到停駛就只能走山路。雖說原本出發前就知道有可能遇到，但眞的走在索道山路時，心情其實比找到索道端點還澎湃，畢竟我們和當年走過這段路的人所採取的視角更爲接近，更不禁讓人懷想那些走過的人的心情又是如何

我們離開山路，繼續沿著稜線上切，與前一日下南澳北溪的障礙賽相比，良好的林相以及快要接近目標的快意讓我們走起來特別帶勁，不久接上平元林道，跟著走一小段再上勘，酒瓶、臺車、鋼纜之類的遺物暗示我們找到我們的聖杯了，而周遭刻意清開的林相看來的確符合當年索道爲了運輸而疏開一條廊道的作法，不過當我們想再往後方關鍵的索道發送點工寮探訪時，林道茂密的芒草阻擋我們的去路及視線，在時間不足的情況下只得折返，在將要摸黑前鑽過重重芒草，抵達傾頽的大元國小。

下山的路比想像中艱難。預報中天氣最好的最後一天卻下起傾盆大雨，原本還想利用最後一天去看看暗霧索道發送點，但一早從國小窗戶望出去一片霧雨，索性就找個時間下次再來吧。趁著雨小的空檔踏上歸途，但厚重的積雨雲還是在半路就傾洩了下來，雨水不斷灌進背包、雨衣、雨鞋，古魯林道亦變成了一條小溪。即便如此，雖然外面濕透冷涼，但心裡卻很是踏實。

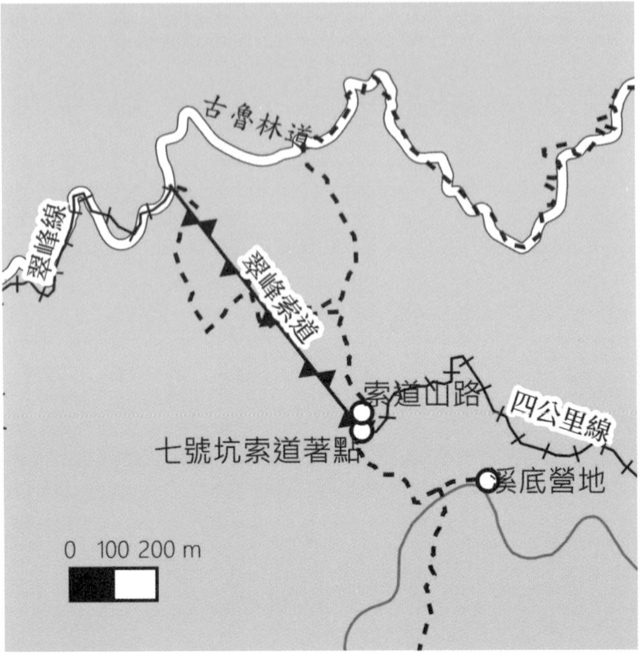

七號坑索道

遭難山與晴峰

李逸涵

遭難山事件

蔡姓等3男1女台大登山社學生，22日由翠峰湖景觀步道10.7K入山，昨天計畫從翠峰湖途中約11公里處的遭難山往檜樹山登山，預計晚上9點下山，但到11時遲未回報，台大登山社趕緊向宜蘭消防局報案，今早9時消防人員和4人取得聯繫，皆平安無事。

學生們表示，因為昨晚雪太大，視線和步道狀況不佳，手機等通訊軟體皆無法使用，不能回報現場情形，還好他們登山裝備齊全，有簡易帳篷、擋風衣物等，經考慮後，決定就地過夜，大家身體狀況都不錯，沒有失溫，不好意思害消防人員和同學擔心了。（〈受困太平山一夜，台大登山社4學生獲救〉，自由時報，二〇一六年一月

二十五日）

記得二〇一六年入社後，社團學長姐們就常常在討論「遭難山事件」。那是場發生在該年一月的山難，具體位置在太平山森林遊樂區、翠峰湖景觀道路附近的中級山「遭難山」。聽著學長姐的討論，在還不太熟悉登山風險管理的當時，只覺得「遭難山」這個名字未免取得太不吉利，更別說當初事件的當事人後來還重返舊地，連著旁邊的檜樹山一起走了「檜樹遭難」這種諧音充滿惡趣味的隊伍。當初始料未及的是，此地竟將成爲日後自己探訪大元山各聚落遺址的重要里程碑。

晴峰嶺

在注意到航空照片這個資源前，以地圖資料都沒有標出大元山運材路線的情況下，我們僅能透過陳東元先生架設的大元山網站上，一張有如捷運路網圖的簡圖理解各運材路線的相對關係，頂多再利用大元山各鐵道的長度、索道的高低差、斜距等等在等高線圖上推論。當時跟陳東元先生在登山社社辦討論時，我們就大概把晴峰索道定位在遭難山附近，看到地圖的陳東元先生不免感慨，童年記憶中美麗的晴峰嶺怎麼就變成了令人聞之色變的遭難山：

> 這段翠峰湖以下保有原始茂密森林的路段，可以說是大元山林場風光最美麗的地方，雲海、山嵐、森林、日出是每日可見的景色，沿途多處地點可以鳥瞰整個蘭陽平原，因此成為每天第一道光芒照射的地方。在山區的都認為是十六分山的延伸，後來卻被冠以讓人膽顫心驚的不雅名稱——遭難山。

晴峰是否就是遭難山，當時並沒有定論，只不過聽了歷經遭難山事件的學姊的描述，彷彿可以看到他們頂著寒風冰霰，在遭難山連稜上艱苦地走到積雪頗深的翠峰湖景觀道路，並在因爲無鑰匙而無法發動的車上度過寒冷一夜的慘況，所以對遭難山也就沒有什麼好印象。不過，當時去過遭難山的幾個學長都表示，在那附近有許多疑似林道的寬大路底，綜合我們與陳東元先生的討論，那些路底很有可能就是拆除後的大元山林場晴峰線鐵路。於是，探訪晴峰線以及晴峰索道的計畫就只差一個座標了。

在陳東元先生蒐集、標定航空照片的努力之下，各運材設施在航空照片以及登山路線圖上逐漸浮現。二〇一八年，我們僅用兩隊共五天的時間，相繼找到了七號坑索道以及暗霧索道的位置，而晴峰索道的兩個端點亦已現身於航空照片之上，與延伸至三星山附近的晴峰線構成大元山林場後門的最後一哩路。有趣的是，在陳東元先生蒐集到大元山一帶的航空照片同時，我們也從社辦的地圖櫃中偶然找到一份由聯勤測繪的舊地圖，其製圖的時間早於經建版地形圖，所以更貼近大元山運材路線的拆除；果不其然，新太平山與大元山林場的運材路線赫然出現在紙上，其標定的位置與航空照片判讀的結果相去不遠，使我們的底氣更足。有趣的是，在十六分山—遭難山連稜北側山腰上居然也繪有一條鐵路，並有設有索道連接溫泉山一帶，經詢問陳東元先生後，確認應不屬於大元山林場；這下子好奇心立刻就燃起來了，那種心癢的感覺也許就跟學長姊們從獵人口中初聞拳頭母山附近有個未命名的湖泊一樣，說到底探勘的原動力也就是「想知道那裡有什麼」罷了。

重返遭難山／晴峰嶺

帶著一探究竟的心情，我們於二〇一九年二月來到當年下著冰冷細雨的遭難山登山口，只不過我們出發時天空一片雲都沒有，和暖的冬陽映照在我們的身上與遠方的山頭，彷彿要用陳東元先生印象裡的晴峰嶺洗去學長姐們口中的遭難山一般，預示著旅途的順利。我們辨認著指路的路條，在稀疏的箭竹和芒草中鑽行，路上所見盡是林場作業後遺留的樹頭以及人工造林的結果，倘若在這種充滿樹頭、倒木遺骸的地方見到冰霰堆積，那種蕭瑟實在難以叫人繼續前行，何況要在荒廢的林道迫降一晚，不同的是，此時的氣溫與氣氛都比三年前高亢許多，我們在起霧的下午來到當年四人小隊迫降的位置，在附近有不少散落的鐵條、枕木與鉚釘，從聯勤版地形圖以及現場的狀態看來，當年的迫降營地正是在大元山林場晴峰線鐵路上，實在難以想像一早醒來看到二十公分厚的積雪是什麼感覺。我們沿著鐵路繼續走走停停，不時爲路旁遺落的鐵軌、火車零件、維修工具所吸引駐足，彷彿在參觀一間沒有解說牌、沒有展示櫃的博物館，直到行進方向由北逐漸轉西、進入晴峰線鐵路末端，我們才就地紮營，並且回頭尋找晴峰索道的發送點。

大元山林場的開發方向大致從古魯、大元山漸進，迨日治末期由於戰爭人力、物料緊繃關係，木材的生產與運輸基本停擺。戰後，大元山林場生產建設逐步恢復，而由於羅東森林鐵道頻頻因水災停止運作，日籍技師近藤勇與豐澤豐遂規劃連通相鄰之太平山、大元山林場，以合併運材路線方式減少鐵路維護之費用。因此，大元山運材路線之規劃便以延伸至三星山南麓、與太平山林場三星線接軌爲目標。一九五〇年翠峰索道的竣工使得作業範圍延伸至翠峰湖北側，五年後完工的晴峰索道更是使得伐木作業的高度一舉爬升至翠峰湖上方，讓晴峰線從字面上眞正抵達了陽光最先照耀的山嶺。我和陳芃沿著晴峰線往回探路，一邊觀察附近的地形、林相，判斷哪邊比較有可能讓斜距八百一十七公尺，平距七百五十七公尺的巨大索道架線通過，後來，我們在一處乾溝的上方找到發送點，後方以原木交錯堆疊的應是制動機房，而附近固定索道用的混凝土基座亦表示我們找到「聖杯」了，沿著索道方向往山谷望去，隱約可見當年的索道專用廊道，仍微微透空，可見當年應是利用谷地地形架線。

翌日，我們從索道發送點附近的稜線開始下切。由於晴峰索道跨越數條溪溝，我們預計下切至溪底後，再往上切到晴峰索道著點。下切的路途十分順利，在遇到開著山櫻

宏偉的翠峰線鐵路隘口

花的平元林道後，我們在接近溪底的地方見到了落差數公尺、將山壁鑿成近乎垂直的鐵路隘口。從地圖上判斷，這條鐵路就是從七號坑索道著點延伸過來的翠峰線，若沿著鐵路繼續往南卽會通往二號集材機聚落，而若往東則會抵達七號坑索道著點，腳下的路就這麼與半年前的足跡串聯起來了。

溪底的樣子與去年中秋節來時的景象相當，爲溪流側向侵蝕的河岸大多是長著稀疏芒草的舊崩塌地，爲溪水浸透的河灘是一片黝黑，與蒼白的倒木、岩石形成鮮明對比，彷彿我們不小心闖入了黑白底片裡的大元山林場。爲了繞開接近溪底的

舊崩塌地，我們選擇沿著晴峰索道著點西側的小溪溝上切，不時爬過殘軌、倒木與橋樑遺構，一不小心就超過鐵道所在高度，遂開始往正稜上腰繞修正。回到正稜上，準備以輕裝方式單攻晴峰索道著點，速度跟不太上的方綾、品函、彥喬決定留守在此，單攻組則旋即出發，並在乾淨明顯的稜線上走得飛快，十多分鐘後即碰上翠峰線鐵路，跟著鐵路走沒多遠，路基變得十分寬敞，並有完整電線桿、鐵軌、工寮的屋頂遺構等。雖說索道笠木消失得無影無蹤，但最重要的混凝土坑以及捲胴坑則清晰可辨，其方位恰恰指向我們前一日探訪的發送點。從舊照片來看，晴峰索道最具標誌性的就是其以木材架起的巨大著點平臺，雖說如今已看不到昔日的宏

晴峰索道發送點今昔對照。出處：陳東元先生提供

偉，不過爲了會車需求在山坡上挖出的巨大平臺，其壯觀還是讓我們幾個訪客爲亢奮所感染。完成本行一大目標，我們爬上遭難山的路途亦顯得輕快，紮營在三角點附近的夜晚，我們的歌聲縈繞於長滿松蘿的晴峰嶺上。

翠峰在大元山高處，但並不是絕頂。這附近漫山遍谷是林木，峰之為翠，當然不問可知。當我們由林場招待所出發，坐了逢逢車向上開，一路之上，我最欣賞的便是那些上了歲數的古樹。阿里山有株三千年的紅檜，號稱神木，古老是不用說的了，但姿態倒並無什麼特異之處。這裡的若干株大樹，和神木比，資格似乎還淺，可是長得怪模怪樣，我真無法描繪。有的是斜出數十丈，倒掛倚絕壁，作老龍欲飛之狀。有的是樹幹大數百圍，自頂至踵光禿禿如經砍削，突然旁出一枝，叢生綠葉，似通天神猿忽伸一臂。有的如古塔中空而缺其一面，中有蒼藤二三本，屈曲如柔腸，延緣而上，直透樹頂。有的是幾株毗連在一起，樹枝互相蟠結，如醉漢揪打，扭作一團，難解難分，尋常所見樹態，大抵類似者多，而此間古木則以年齡高經歷異，有如五百羅漢，清奇古怪，各有面目，無一雷同。可惜不能攜帶照相機一一攝入鏡頭，否則一定能有許多攝影佳作問世。

（伍稼青。《台島獨攬》。臺北：自由談雜誌社，一九五五。）

翠峰、十六分山及神祕索道

隔日跟著新鮮的砍痕及布條，我們很快地就來到了十六分山前的緩稜。林場員工們口中古木參天的翠峰已爲人造林所取代，但次生的林相依舊虬曲蟠結，加之以攔路的芒草杜鵑，我們在這段寬緩稜線上耗去不少時間，來到十六分山山頂時已接近中午。若要再前往十六分山北側的神祕鐵路，必須得在兩個小時內往返這落差兩百多公尺的單攻才行，我們遂一路用小跑步的方式翻越樹頭，時而讓自己如溜滑梯般鑽過樹根，不過半小時就「撞到」一階寬大的路基，在其上方還有幾個如建築物基座的駁坎，前方的透空處則有釘著騎馬

十六分山北側索道發送點遺構

釘的半倒笠木。望著索道原先拉線延伸的溫泉山稜線，實在看不出哪片空地是原來的著點，但能實際找到已是萬分驚喜，畢竟在實際看到它之前，我們不禁猜想它的用途，會是林業、礦業，還是製圖的聯勤用來混淆視聽而特別標上的「阿格羅」。要到下山後很久以後的某天，同樣喜愛探究山區歷史的凱傑捎來訊息，才知道原來這也是一條運材路線，只不過隸屬於宜蘭林區管理處，所以成長於翠峰稜線南側的陳東元先生才會不知情。

下山時繼續跟著頗爲新穎的路條及砍痕，果不其然，傍晚夕陽將沉之際抵達大元山聚落群，發現大元國小已經有人先紮營使用了，看來我們一路上所跟的路徑就是這些素未謀面的人所走出來的。不過，勘查又何嘗不是如此，我們腳下常常是跨越好多時代、種族、職業、目的的足跡，而我們又因爲不同理由而各自匯聚在一起，成爲山上互相扶持的隊友，但未來又將各自走到哪座山嶺，寫怎麼樣的故事呢？在隊伍卽將結束、將身上帶的酒一飲而盡的微醺夜裡，看著身邊卽將畢業的同屆好友，難免有些惆悵而不願睡去，直到深夜，才能以一首〈沒有月亮的晚上〉趕著大家去睡，也用歌詞給自己一個交代：

> 沒有月亮 沒有月亮的晚上／星星它好寂寞 就在這沒有月亮的晚上／我曾在大草原上時常想起昨日的他／哦朋友 我好想你 就在這沒有月亮的晚上

一起走過無數山路的陳芃、東霖、湘君

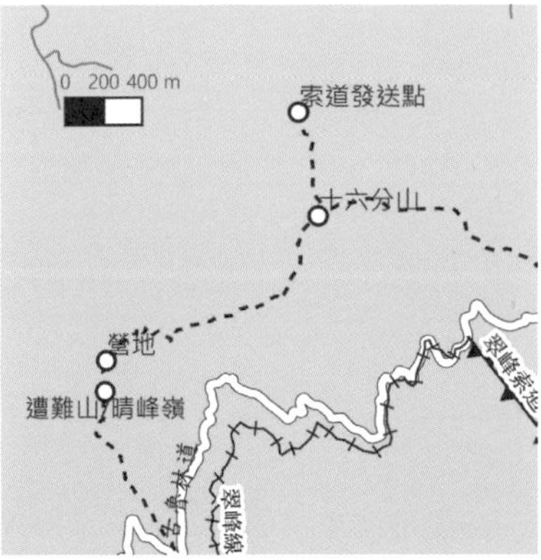

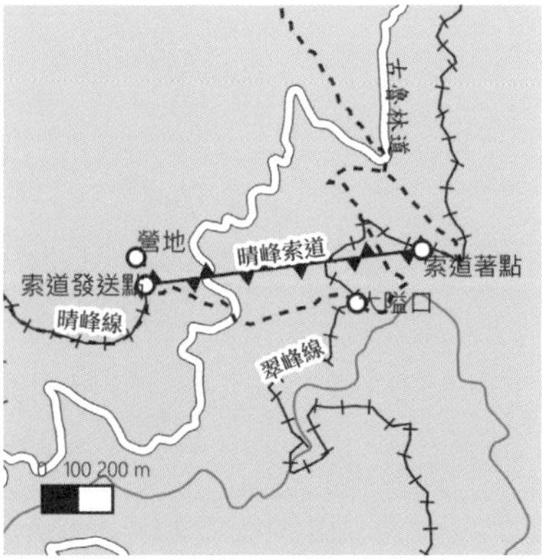

太平山之部

新太平山伐倒的第一棵樹

李逸涵

「追分」不成功

二〇一七年四月，期中考週。

在先前已走過大元山林場的大元山、四公里等聚落、體會過找尋深埋在山裡先人蹤跡的樂趣之後，我開始把探勘的目標放在林業遺跡。由於查找大元山的資料時常觸及鄰近的太平山林場，不免順手做點調查，發現這個號稱日治時期三大官營林場的山區也是處處充滿著謎團，舊地圖上許多從平地一路延伸至深山老林裡面的運材路線就這麼斷了、失蹤在林場經營者的案牘以及宜蘭不絕的霧雨當中。然而當我們將日治時期留下的文獻與現狀作一對比，森林開發以及物種發現的進行曲隨著這些線路的延伸而逐年高

唱，而今只剩斷簡殘編，於是想要把太平山這些故事的座標給挖掘出來的探勘精神漸漸在太平山的地圖上萌芽。當然，隨著近幾年其他探勘隊伍各自努力，而讓太平山現在的地圖標滿地名那又是後話了。

第一個嘗試的點位就是位於鴻嶺線（コウレイ線）上的「追分」。當時因爲在期中考前後出隊，而在總督府營林所出版的太平山觀光手冊《太平山登山の栞》上一眼看到追分這個地名，就期望透過追分車站的追尋，給期中考一個好結果。後來期中考考得如何已經沒什麼印象，在當時地圖資料不齊全的情況下也沒能找到追分，但這隊卻意外找到了幾張太平山的古地圖上都不存在的鐵路線——イギリ溪線。

自細雨迷離的太平山公路下切，一開始卽是倒木橫陳的小乾溝，每一步都需要小心不要踩空、掉進與人同高的樹洞陷阱裡。在霧雨中下切約一個小時後，我們在海拔一千四百公尺處發現人工挖出的隘口，不僅如此，這段路基還一路向北延伸，遇到小山溝甚至還有架橋，惟在太平山冠於全臺的雨量浸淫下，橋面早已被雨水及苔蘚腐蝕殆盡，僅有橋墩的形狀略可辨認。遇到這條路，大家的心裡浮現不少問號，無論是爬山常參考的經建版地形圖，或是一九二〇年代陸地測量部測繪的地形圖都沒有這條「路」的

其實酒瓶裡面香味四溢的油狀物才更令我們好奇，莫非這是近百年前提煉的檜木精油？

存在。不過從它寬約三公尺的路幅來看，我們猜想這條路很有可能是廢棄的鐵道。我們在附近拾獲數只刻有「臺灣專賣局」字樣的玻璃酒瓶、黃藤製的獵具，以及一些散落的寶特瓶、罐頭，證明這條「路」自日治時期到現代都還有人在使用。

縱然有著疑惑以及更多的好奇，但由於此行目的主要是尋找追分車站，我們還是繼續原本的行程，朝著白嶺溪進發，並且在十點左右抵達河床平緩、水流可愛的溪底。見到如此理想的營地，班底們紛紛開始試著說服帶隊的我不要再去挑戰往加羅北池的漫漫長路，建議以探訪遺跡爲重，大家就在溪底好好休整、留多點時間去找追分聚落遺跡。耳根子軟的我看著充滿未知的稜線，又想到最近是期中考週，那就讓大家好好休息吧，於是我們就地紮營，再以輕裝方式前往追分。

不過，前往追分的路況並不如預期。當時僅有疊合得不甚精確的陸地測量部地形圖可供參考的我們雖說在上切途中遇到疑似是鴻嶺線的鐵道路基，並且跟著它向西走了一段，但在經過一條無水的大乾溝時，望著凱傑與俊強在毫無路底的前方艱辛找路，心裡很不踏實的我只得叫停，大夥就這麼鎩羽而歸。倒是在宿營地附近意外發現許多民國時期遺留的玻璃瓶、鐵桶，看起來頗有工作站的規模，同行的斯顯笑說應該是有人幫你把追分搬到溪底了，我只得苦笑。

神祕鐵路

在白嶺溪底宿營一晚，隔日我們循著原路回到海拔一千四百公尺附近的神祕路底。我們就著現場平緩的路基以及地圖研判，若這條路的前身確實爲鐵道，那麼沿著路基走

神祕鐵路留下的鐵道橋

很可能會接回白嶺。雖說這條路並不在我們預定計畫中，且偏離計畫路徑向來是我們社團的大忌，在想要一探究竟的心情下我還是決定探一探，想說以太平山的路況來說應該不太會遇到什麼危險的地形，即使遇到了不過就是直接上切太平山公路。我們就這樣在濃霧中循著若有似無的路底，辨認著留有鐵路道釘的朽木，一路往白嶺的方向前進，一個小時後來到一個留有大量專賣局酒瓶、化妝品罐、礙子的平臺，看看地圖，我們離太平山公路也不遠了，索性直接上切回太平山公路，結束此次勘查。雖說收穫頗多，不過在回臺北路上還是對自己莽撞的決策有些在意，於是在葛瑪蘭客運上跟自己很信任的凱傑學長討論往後遇到類似情況可以怎麼改善。

回到臺北，開始搜索白嶺附近這條神祕鐵路的線索，最終發覺，原來我們無意間與新太平山第一棵被伐倒的樹擦身而過了。

新太平山一號木

昭和九年（一九三四年）九月，斧入式。

隨著舊太平山地區的林木資源逐漸開採殆盡，太平山的作業範圍也逐漸往白嶺、三星山方向移動。爲祈求新開作業地的平安以及振奮全體工作人員，昭和九年九月二十二日於白嶺舉行了新太平山「斧入式」，時任職於總督府營林所羅東出張所的八木信夫記下新太平山一號、二號木被伐倒的情形以及典禮之經過；而一號及二號木一直要到昭和十一年四月十九日舉行的「土入式」典禮後，才正式經索道、鐵道運送至羅東。

前晚寄宿於「落合」的八木信夫，一早六點多與同行的鈴木走下山坡、越過白嶺溪（原文爲テクナン溪）後進入新太平山的範圍，僅用了一個半小時的時間卽抵達目的地白嶺，與時任太平山主任堀田禎作等人會合後，一行人沿著當時稱爲白嶺線、後命名爲イギリ溪線的鐵道預定線，向著西南方向走了二十分鐘，來到新太平山一號木所在地。祭壇上擺放著供品以及各式伐木用具如斧頭、鋸子、楔子、檢尺棒、鶴嘴等。九點三十分，由安江銳太郎伐木主任主持的祭典正式展開，儀式結束後，由岩野仙助帶領的伐木組開始作業，在斧鋸丁丁及伐木工人的吆喝聲中，第二太平山一號木轟然倒下，這是一棵二十九公尺高的扁柏，直徑一百一十公分，樹齡四百八十年。午餐過後，一行人沿著白嶺線預定線往回走約十分鐘，並在那砍倒了高二十八公尺、直徑一百〇六公分、樹齡四百六十年的二號木。儀式結束後，八木信夫等人回到了白嶺，在新築廳舍的天井下，於浴槽中遙望著下方的樫木平以及遠方的雪山、大霸尖山，並且在稍後的晚宴餘興裡圍著火爐，想望著這片山林與人的共榮。

落合詰所遺址。九十年前八木信夫寄宿在此的夜是否跟我們一樣，一邊喝著酒一邊聽著細細的雨聲？

回溯八木信夫的足跡

二〇一八年二月。聽說中興大學登山社在我們之後成功去到了追分，想要把鴻嶺線其他兩個聚落也找出來的想法一下就被點燃了起來。有了前面隊伍的經驗以及八木信夫的紀錄，我們猜想當時設有值勤室的落合應爲較重要的一個。於是我們再次上路，以前一年切回太平山公路的大平臺爲起點，一路往白嶺溪底下勘，在霧雨和松蘿間找尋八十四年前八木信夫從舊太平山的落合走向新太平山的白嶺之路。不過，出發後很快就意識到，我們一前一後隊伍的共同點可能僅剩幾株巨木以及路上偶見的專賣局酒瓶。小心翼翼地下切近溪底的崩塌地、越過水不深的白嶺溪後，我們沿著稜線持續上升，路上所見仍是造林地，最後在海拔一三二〇公尺處遇上一階明顯的路基，附近還有不少瓷器、玻璃瓶，看來我們找到落合了。除了鐵軌、鐵道路基外，留下來的器物種類也是少見的豐富，如醬油瓶、瓷瓶、灶臺等等；除此之外，還發現一階櫻花盛開的平臺，依位置及規模判斷可能卽是當年八木信夫寄宿的執勤室，不過他和鈴木先生走的山路可就消失得無影無蹤了，畢竟當時他們僅僅花了一個半小時的路，我們可是花了七個小時的時間才走到。

不過，這並不影響我們此行從新太平山回溯舊太平山的目標繼續進行。事實上，這隊的目標除了看看當年連接新舊太平山的山徑之外，還要尋找日向臺索道的著點「大留」，若行程順利可下切土場溪、接上對面的舊太平山聚落，做到眞正的「走回舊太平山」；若下切土場溪的路程遇到阻礙，亦可選擇往加羅北池，一償去年未能走通加羅北池路徑的遺憾。於是，離開落合後，我們繼續往預定營地挺進，並且好好養精蓄銳，以面對隔日前往大留的行程。

翌日一早，天空仍陰，我們在雜亂的稜線上找路下切，不久來到前往大留的岔路口。此時雲開霧散，陽光灑落，北側的土場溪溪谷以及神代山稜線都十分清晰，彷彿都能望穿林間、看到當年蜿蜒在山腰上的十字路線以及鴻嶺線，不過無論是下切的稜線及對面的山腰都被土場溪側向侵蝕得十分嚴重。我們沿著稜線持續下切，土場溪的溪水聲愈見清晰，而我們最後來到距溪底落差僅五十公尺的小山頭上。看著前方樹林中若隱若現的岩稜，再看看手錶，對於點位不太有把握的我再次做出折返的決定，而我們就這麼跟大留失之交臂。就後來其他隊伍探勘的結果，大留確實就在溪底附近，很是扼腕。

我們再度背上背包，從舊太平山對面的稜線找尋合適的下切點。靠近溪底的路段往往是我們探勘時需要特別找路、甚至是架設繩索的地方，在溪流的側向侵蝕之下，常會出現接近九十度的陡坡，而我們下切的地方也不例外。在熟稔繩索架設的威龍帶領下，我們順利克服邊坡抵達土場溪底，往上爬到舊太平山的路上還與幾株含苞的櫻花樹不期而遇。或許是思鄉的緣故，日治時期的遺跡往往種有櫻花樹，對異鄉人來說是種鄉愁，不過在春天到來、太平山雨量最少的時節也成了我們找到遺跡的一種信物。而信物不只這些，舊太平山的人口眾多，就文獻看來，當時的從業人員以及眷屬人口總計有一千餘人，愈是接近神社，遺留器物的種類與數量也就愈豐富，例如化妝品、藥罐、強身健體

的藥酒等等；不過，當我們踏上加羅山神社的石階、來到神社本殿石座，堆置的器物數量已減少許多。從生苔的石階被人踏出小徑來看，造訪的人日益增加，但也就意味著遺跡荒廢的美感以及完整性已不可免地流失了。

我們紮營在加羅山神社石階下方，負責煮晚餐的信佑居然從背包裡挖出一大袋預煮好的咖哩醬，揹著這麼重的東西翻越無數倒木、橫跨新舊太平山區，還可以走得又快又穩，不禁要佩服學弟的體力。翌日，我們拾級而上準備離開舊太平山，威龍從石階附近的樹洞裡找出時光膠囊，裡面的留言本有著他們兩年前來到神社時所留下的筆跡，而其他山友也將自己一部分的物品留在此地做爲信物。環顧四周，當年舊太平山居民撤離時種下的杉檜已成林，板根將偌大的駁坎給環抱。我們沒有特別留下什麼，只是再回望了一眼，讓綠意占據回憶。

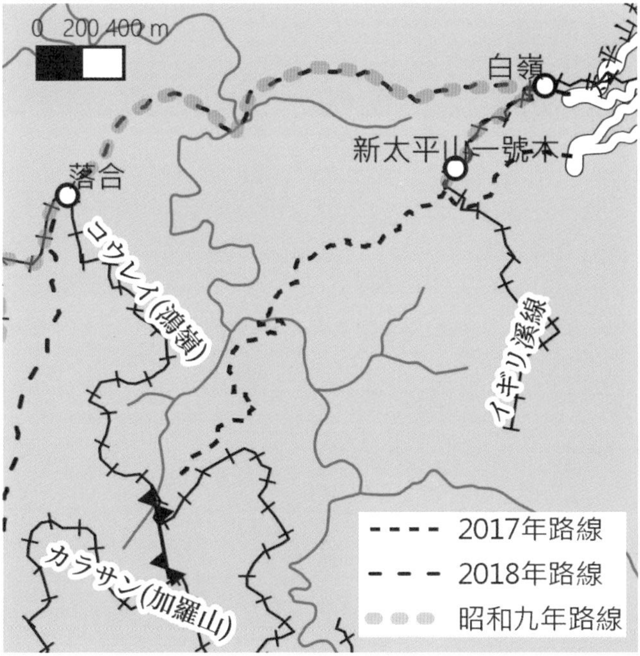
0 200 400 m
白嶺
新太平山一號本
落合
コウレイ(鴻嶺)
イギリ渓線
カラサン(加羅山)
2017年路線
2018年路線
昭和九年路線

斧入式

加羅山神社

楊東霖

中川總督之行

昭和九年八月十二日，第十六任臺灣總督中川健藏開始了為期一週的山地考察之旅：自羅東郡，經土場、鳩之澤，視察太平山一帶的伐木作業，爾後拜訪鄰近的四季部落、並循著警備道越過埤亞南鞍部（ビヤナン越），訪視霧社與日月潭一帶的山地水利建設。

（增田福太郎，一九三五年三月一日。中川總督一行のビヤナン越。）

早在中川總督來訪前三十餘年，日本人早已開始蘭陽溪上游的林業勘測。大正年

間，隨著理蕃政策見效，總督府再次派遣營林局人員深入羅東郡四季、眠腦、與三星山一帶，發現海拔三千五百呎（一〇六一公尺）以上，由扁柏、紅檜和其他針闊葉樹組成的茂密森林。林木層層疊疊，直達天際，極富開採潛力。隨後短短幾年，人世喧囂隨鐵軌的匡噹聲遁入曾經的遠山，殖民者以「太平山」稱呼這片山林，駐在所、俱樂部、伐木聚落不斷出現；索道、鐵軌、鐵線橋串聯起細緻的移動網絡，伐木事業盛況空前，甚至有「若不見太平山，談臺灣林業不足談」之說。

而位於多望溪西南岸的「太平山聚落」，是伐木的重要據點。全盛時期這裡居住著千餘位伐木移民，而位在聚落最上層的加羅山神社，當屬移民信仰中心。然昭和十二年（一九三七）隨著此地砍伐年限將至，日人逐漸將伐木事業轉移至白嶺、翠峰湖一帶。不過這次搬遷的地方還是以「太平山」爲名，因此在名稱上，便以新舊加以區別。舊太平山逐漸恢復往日靜謐，加羅山神社爲避免失火與爲原住民再利用，也隨人群離去而拆除，大片原始林爲柳杉取代，移民生活與伐木痕跡也在蘭陽溪谷終年不散的雲霧中逐漸沉澱。

山行之始

二〇一五年，當時舊太平山一帶尚非熱門路線。沒有紛至沓來的足跡，也就沒有明顯的山徑。若想前往加羅山神社，需仰賴讀圖定位與零星路條。我們計畫由留茂安部落起登，爬上終年潮濕的嘉平林道，再循林道蜿蜒過神代神木、神代池，抵達加羅神社上方的山坡。我們將在此下切至神社、並度過一晚，隔天再輕裝前往鄰近的日向臺，爾後返程回林道，往南沿四季林道步行，經加納富溪後於四季登山口下山。

這是我在臺大登山社參加的第一支隊伍，也是我第一次在山上過夜。

任何事只要是第一次嘗試，伴隨未知的是股說不出口的獨特魔力與儀式感。無數關於「爬山」的想像在出發前幾夜裡在腦海中飛馳而過，全身血液都因期待而沸騰。然而這次緊張的心卻不知怎麼地多了份堅定，堅定中又帶了一絲倔強的氣息，彷彿我並非嘗試未曾經歷過的事情，而只是重拾生命中原本就屬於我的一部分東西罷了。直到現在，我都很難再有如此體會，關於我從未登山，卻一定會喜歡上的這件事。又或許說，這是屬於十八歲少年的叛逆。掙脫大考枷鎖後，一股對自由天際與大地的嚮往，在一瞬間得以化為眞實。只不過對於自己竟選擇用如此「踏實」的方式來表達這股衝勁，眞正地靠雙腳走遍山河，現在回想起來，這股傻勁也算是歪打正著。畢竟人終其一生能堅定說出「我喜歡」的機會大抵不多。

然嚮往山林的我此刻又顯得懵懂無知，好在加入大學社團的好處就是會有熱心的學長姊幫忙張羅裝備，背包、睡袋、頭燈，甚至雨衣都是借來的。「你就先用借的，出過幾次隊有興趣打算爬山，再慢慢買。」負責新生裝備的學姐說，同時又給了我幾個不認識的人的名字：「這幾個人我都打過招呼了，就和他們分別借裝備。注意禮貌呦。」

就這樣，我靠著四處借來的裝備，和一群我不熟悉、卻又得仰賴他們的夥伴，連夜由臺北直奔羅東，下了客運緊接著又登上路邊不知哪兒叫來的深色福斯T4，在搖搖晃晃的黑暗車廂中，我只知道我的第一次登山之旅開始了。當初沒想到的是，過幾個月後，看到這種「登山廂型車」反而是如此開心的事，一種象徵終於回到人間的感覺。

初涉山徑

翌日，陽光尚未驅趕蘭陽溪谷的薄霧，我們卻已從省道旁的香蕉園竹林小徑往上走，離開昨晚露宿的留茂安部落。也許是前幾天沒有下雨的關係，小徑尚且好走，只是仍得俯身鑽過那橫七豎八倒伏的竹子。偶爾路過一片林間透空處，學長姐便指著溪對岸的山巒，要新生們拿著地圖定位。這是我第一次把紙上的等高線與現實地形連繫起來，抓不準地圖與實際距離的差異，憑空杜撰的結果是連自己在哪都不確定，還不趕緊湊上一旁拿著地圖比劃的人群，看能不能多學會、看懂些什麼！

秋季的蘭陽山谷是雲與霧的國度，展望往往稍縱即逝，催促旅人漫漫長路。我們沿著稜線緩步上升，映入眼簾的是片一路往東綿延、完全沒有坡度的寬大平地，領隊凱傑說我們抵達林道了。嘉平林道中段的坡度落差不大，蔓草叢生下是遍地的泥濘，想找到一塊坐下不弄濕屁股的地方當屬奢侈——典型的宜蘭森林，與西部山域那種脆葉鋪地、沙塵飛揚的闊葉林大相逕庭。一吸一吐，濕氣混雜著腐朽的黑土、青草的嗆辣刺激著鼻腔，這是山下百態與林間生活的分界線，是只屬於森林的味道。

若讓我回首走過的山域，嘉平林道靜謐而深邃的美，心儀程度絕不亞於百岳勝景。蘭陽溪上游終年爲霧氣圍繞，林道又泰半籠罩於杉樹之下，因此也少了那一遇陽光就肆無忌憚生長的芒草叢；相反，這裡是蕨類的天下。遍布蕨類的林道沿著等高線蜿蜒於稜與谷之間。其中最特殊的，是少數沿著山溝闢設的路段，小徑爲兩旁高聳的杉木樹叢所包裹，雖不至落英繽紛，但「夾岸數百步」的氣勢，已能讓初次上山的我震撼無比。而林道途中的神代神木與神代池，也是旅人必然駐足之處。松蘿與蘚苔遍布的神代池水色漆黑，望下去幽深無比，若眞想環湖一圈，得小心那湖畔的泥灘地，想將深陷的雙腳自泥濘中拔出得花上一番工夫。

與總督路徑的交會

這條嘉平林道其實是戰後的產物。放眼日治時期，往來太平山得仰賴綿延百里的軌道列車與索道群。欲前往太平山的旅客，必須從臺北搭乘三個小時的火車到羅東車站，再轉乘森林鐵路經天送埤至海拔四百米的山腳處：土場。土場的意思爲「傾倒與存放木材的地方」，是太平山的門戶。中川總督正是在附設溫泉湯浴的土場營林所俱樂部歇息一宿後，隔日再搭乘索道流籠前往太平山。

一九三〇年代，從土場至太平山，爲了克服海拔落差，營林所日籍技師堀田蘇彌太改良舊有運材索道，是謂「堀田式」索道，負責人員往來與木材運輸。索道連結了土場與山崖上的樫木平聚落，這是臺灣林業最早使用的運材索道。與中川總督同行的臺北帝國大學教授增田福太郎寫道：

「這是一條自動雙軌索道，長三千英尺，以二十六度的角度上升，但在某些地方角度會變得更陡。當你在短短三、四分鐘內爬升一千三百英尺，就像翻越蒼穹的飛馬，讓人有一股不寒而慄的感覺。而當你從車廂內部俯視數百甚至上千人高的深淵時，不經意間雞皮疙瘩早已冒出，寒意直透皮膚。」

索道上方的發送點是海拔兩千尺的樫木平，中川總督等人在此換乘由汽油機關車牽引的客車廂，一個半小時便抵達太平山。但如今自樫木平延伸的林鐵舊路早已柔腸寸斷。我們只能選擇自留茂安出發，透過嘉平林道的便利，前往總督曾經駐足的山域。

加羅山神社

「我們下車，前往加羅山神社參拜。它供奉著與日本神社相同的神明，每年的六月十七日是該神社的祭日。總督在此舉行植樹紀念儀式。」

相比乘車就能抵達太平山聚落的總督，八十年後的我們，必須在嘉平林道跋涉五個小時，再從林道中途的稜線轉角處下切，跨越無數的倒木、樹叢，才能在夜幕來臨前抵達加羅山神社的最上層。主殿平臺上早已不見神社蹤影，鳥居底座在地面留下的坑痕空洞洞的；斑駁的水泥階梯上布滿著綠色苔蘚，一旁石板上擺滿斑爛的瓶罐瓷器，暗示著此地曾經的繁華。神社由三層平臺所構成，位於聚落的最高處，肩負著守護與祈福的重任，而由神社向下綿延不盡的階梯狀平臺，正是舊太平山聚落的遺址所在。

加羅山神社鎮座於大正七年（一九一八年），起初是伐木移民在閒暇之餘勞力奉獻所設的非正式建築，類似於當時日本內地家庭神社的規模。根據《營林彙報》中惠步生先生的紀錄，神社後來的擴建是在昭和五年（一九三〇年）小野所長在任期間，由當時總務課長近藤帶頭向各方募捐七千日圓的工程費才得以建造。據傳，神社曾在岡本登氏家族的協助下，邀請一位遠從日本內地來到高雄、技藝嫻熟的木匠負責製作，建築工藝因此非常精緻出色。而這座位於聚落最頂端的神社，一直以來都是太平山林場的信仰中心。

神社及自我的回歸自然

然而，因伐木興起的聚落，註定也會隨林業衰退而步入終點。這座神社在中川總督視察的兩年後，於昭和十一年六月十七日舉辦了最後一次的例祭。除了祭祀大典，同時也褒揚有功者，舉辦表演、電影、日本舞藝、相撲和運動會等活動。此刻，漫遊在遺跡上的我們，僅憑荒煙蔓草中生鏽發霉的鐵軌實在難以想像當時發生了什麼，不過，透過惠步生先生所撰寫的〈太平山の名殘祭禮〉，我們彷彿被文字帶回到昭和十一年的這場最後慶典：

「太平山一帶到處都是風吹招展的萬國旗和旗幟，充滿著內地村莊祭典的愉快氣氛。在太平山小學校下方，一場臺灣的『芝居』宵祭正如火如荼地舉行，吸引許多居住

加羅山神社祭之運動會，學生正在表演大會舞，中央屋頂爲加羅山神社，左邊聳立的是太平山神木。出處：宜蘭縣史館提供

在深山的人們從林場各個地方前來觀看，包括本島人、庫霞和四季部落的人們，也都前來參加這次盛大的運動會和山祭。」

（註：「芝居」可泛指戲劇，此處指的應是在寺廟前舉辦的酬神歌仔戲等演出。此處應指臺灣本土的晚間祭神劇。）

惠步生抵達太平山祭典時已接近傍晚時分，錯過了白天盛大的運動會。賽事雖主要由小學生們參與，但作爲山祭期間的節慶娛樂，成人同樣熱衷於比賽項目。而除了運動會與戲曲表演外，晚餐後的太平山俱樂部內，各種林場照片展示著，並有手舞等娛樂節目。許多太平山居民帶著坐墊前來參與，人潮湧動：「我們對這麼狹小的山區能有這麼多人感到驚訝。」

翌日清晨，神社祭典正式展開，清靜的山林中響起神樂和大鼓聲，天氣如平地般晴朗。上午八點，祭神儀式在神社前舉行，配戴大勳章的官員在山路上忙碌地上下奔走。賓客們準時聚集在神社前，山區的員工整齊地排列著。安江神官穿著新製作的神職服飾，嚴肅地守在神前。而神社前的廣場上，小學生、原住民青年團、警察等人排列整齊。神官宣讀祝詞，山田所長也發表祝詞和祓禊等儀式，一切按照規定進行著。惠步生等人也參與了祭祀前的慰靈儀式：

「稍早之前，我們還參加了在大弓場上舉行的慰靈儀式，以紀念自林場建立以來犧牲的烈士。儀式從佐藤僧侶的經文朗誦開始，並在遺族和職員與賓客們焚香的過程中莊嚴地結束。」

接下來，網球場上舉行了員工的勤務表揚儀式。一位看起來像是代表的老員工站在最前面，各部門的人員排成縱隊。講臺上，山田所長發表談話，並逐一頒發了獎狀。人們臉上看得出來像小學生在學校獲得證書一樣的喜悅。如此，當天的所有儀式就全部結束了。隨後，工作人員使用從臺北租借來的擴音器，大聲地宣布了太平山林場未來的計劃。「生蕃們對這個擴音器投以警惕的目光，即便這個擴音器看起來是這麼地理所當然」，惠步生描述道。

而在十一點左右，這座位於深山的林場聚落開始了園遊會，這無疑是非常特別的：「先不論內容如何，此處擁有天然的優勢，無論是美景或視野都無可挑剔」。會場入口處發放著清酒杯，貴賓與淑女們也在此換取食券，壽司店、水果糖果店、湯圓店、蕎麥麵店、烏龍麵店、關東煮店、酒吧、汽水店等店鋪依次排列，場內的高座上正舉行著手踊和萬歲舞蹈等娛樂節目。

原先的規劃是從十一點到下午兩點左右，賓客們都可以悠閒地享受歡樂氛圍，但由於人們爭先恐後地湧入各店，不久後大會就通過擴音器宣布各店的壽司和烏龍麵已經售罄。而本該是悠閒欣賞娛樂節目的規劃，但由於大家全神貫注於飲食上，沒有時間去看表演，演員也因而停止了表演。儘管如此，由於天氣非常完美，加上氣溫和酒精的催化，有些人的情緒激昂起來，顯得相當愉快。在園遊會的尾聲接續著相撲比賽，俱樂部的土俵上擠滿了人，但大多數的人喝得醉醺醺，讓比賽也沒什麼緊張感。漸漸地，太平山的祭典結束了。

惠步生此行並非第一次來到太平山，也因此即便檜木平等地在時間淘洗下有了不少變化，「但是在這裡的回憶仍然非常豐富」。而與惠步生同行的，是林場相關人員近藤先生、砂田隣太郎先生、荻原製紙廠長，以及本島的木材商人共二十餘人：「大家都是老朋友，所以在不知不覺中就到達了土場」。我想，不論在過去或現在，與朋友相聚的感受不會改變。第一次登山的我，當時仍與我的隊友不甚熟悉，但從七年後的二〇二三年往回看，爬山早已不只是山川雲海，更是與昔日隊友們的重相聚。那是一種共患難後萌芽的深刻情感，在風雨斷崖的當下仍然把彼此作爲生命共同體般相互照應，讓我頓感「爲山而來，卻因人而留」。

加羅山神社的最後一次例祭，也標示著舊太平山時代的結束。隨著伐木事業開展，太平山林場業務區域轉移到白嶺方向，舊太平原有熙熙攘攘的繁華也逐漸消失。惠步生感慨道：

「祭典結束，加羅山這塊神靈之地很快就會回歸原本的面貌，再度為茂密的草木所覆蓋，不禁讓我感到像失去故鄉一樣地孤寂淒涼。」

然而，無常並非只屬於時代下的伐木聚落與移民。帝國政策下的太平山，肩負著日本內地對高級木材的需求。伐木既是生計，也是移民們的日常。中川總督來到太平山便是爲了視察此地的林場作業。隨行的增田福太郎教授記錄下了當時的景象：

「在太平山，最令人印象深刻的是視察伐木作業。如何使用纜索讓這些寶貴的樹木倒下而又不傷害它們，仍需要傳統、高超的技術……而隨著最後一斧落下，巨大的樹木開始傾斜，毫不留情地墜入谷

加羅山神社基座上的遺物

底，山谷中彷彿透露著悲傷的光芒，讓我手心冒汗。雖然樹木已經倒下了，但想到它已經在這顆星球上存在了數十萬年。我在我所到之處，看到了樹木的無常。」

漫步在舊太平山廢墟上的我們，早已無從分清這些斷垣殘壁的曾經用途，許多故事隨著巨木的切割聲早就飄散於森林。如今，伐木的時代已遠去，森林的意義在短短數十年間截然不同。我們拔營離開了神社，再次踏上蜿蜒的林道，幾個小時內就到達了四季部落。就這樣，我的第一次登山之行結束了。

山林跋涉固然辛苦，更耗盡我大學生活的多數假期。「但若能讓舒服的微風吹

太平山神社遺留的壯觀臺階

拂在身上，感受搖曳的火焰與木柴的爆裂聲，樹木的沙沙聲，還有泥土的氣味，像這樣任憑五官去感受，放空自己也不賴吧。」這段SPY×FAMILY中格林老師在於森林營火畔的呢喃，或許是此刻我心頭所想訴說的。

資料來源

增田福太郎，1935/3/1。中川總督一行のビヤナン越。臺灣警察時報（232），頁112-116。取自：http://stfj.ntl.edu.tw/cgi-bin/gs32/gsweb.cgi?o=dpjournal&s=id=%22jpli2007-pd-sxt_0705_28_n232-025_no20_j%22.&searchmode=basic

李恩照，2020。日治時期太平山地區的林業開發。國立彰化師範大學歷史學研究所碩士論文。取自：https://hdl.handle.net/11296/e498x8

金子展也，2020。遠渡來台的日本諸神：日治時期的230所台灣神社田野踏查。新北

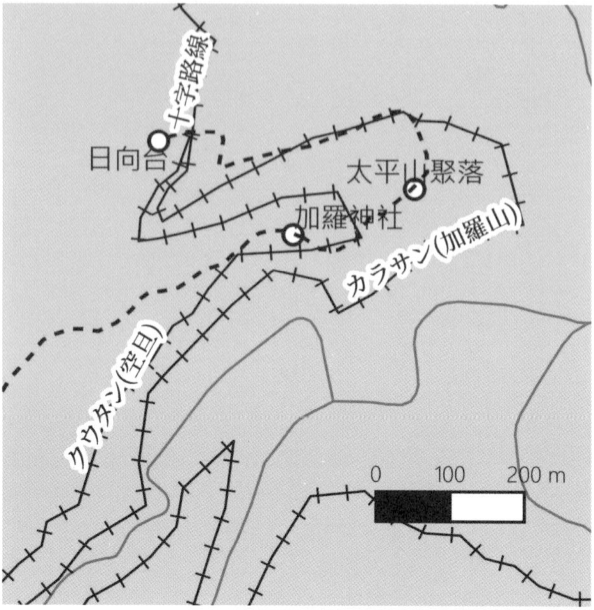

神代太平山

市：野人文化股份有限公司。

惠步生，1936。太平山の名殘祭禮。營林彙報，第二卷，第五號。頁45-48。取自：http://stfb.ntl.edu.tw/cgi-bin/gs32/gsweb.cgi?o=dbook&s=id=%22jpli2009-bk-sxt_0794_147_1933_0004%22.&searchmode=basic

不詳，約1933-1937。太平山の運材（臺北州下）。取自：https://collections.nmth.gov.tw/CollectionContent.aspx?a=132&rno=2001.008.0081.0063

鳩之澤線與土場國小

李逸涵

鳩之澤、鐵路及隧道

「鳩之澤位於距離土場約兩公里的深山幽谷中，湧出大量的溫泉。隨著伐木事業的推進，該地區的事業也開始著手進行建設，使之成為設施的中心地，並且將在不久的未來實現，是一個非常重要的地點。」（太平山登山の栞，總督府營林所出版）

鳩之澤應該是大多數人對於太平山的第一印象。從土場苗圃收費亭入山，車行一段上坡後，即便是在如絲的細雨中仍可在右方的層巒中看到直上雲霄的蒸氣。若要前往鳩之澤，需在太平山公路四公里後的岔路取右進入燒水巷，沿著蜿蜒的公路下行、接近多望溪溪畔的溫泉區。或許對多數遊客來說，鳩之澤就和它之於太平山公路的空間關係

一樣，只是來太平山走走看看之餘的一條支線；但在太平山林場時期，鳩之澤曾作爲新太平山的重要門戶，自昭和十年（一九三四年）鳩之澤索道竣工以來，太平山的木材就源源不斷地經由中間—鳩之澤的索道線路往山下運輸，直到民國七十二年（一九八三年）。從山上運下的木材將在此繼續它的旅程，由汽油機車頭牽引，順著沿多望溪左岸開鑿的鳩之澤線前往土場，再換乘平地段的森林鐵路前往羅東車站北邊的貯木池。在泡湯、享用溫泉蛋之餘，不妨走過多望吊橋、往右續走鳩之澤手作步道，將在步道上看到不起眼的ㄇ字型木架，那就是肩負了五十年太平山出材重量的鳩之澤索道著點，而今蘚苔與蕨類恣意生長其上。

在曾任太平山林場場長的林清池先生所著之《太平山開發史》中，新太平山林場的運材鐵路總長約七十公里，然而全段僅有三座隧道，而開鑿在多望溪左岸的鳩之澤線雖然只有短短的四點五公里，爲了克服溪岸陡峭的地形，在此竟架設了六十三座橋樑以及兩座隧道，書中並附上在隧道前拍下的照片。從來都在山體之上行走的我們對山體之下的樣貌自然是一片無知，在知道鳩之澤線有隧道之後，想一探究竟的心一下就燃起來了。參考日治時期陸地測量部《五萬分之一地形圖》鳩之澤一帶，在多望溪下游確實可見處處崩壁，而在重重崩壁間可見自鳩之澤發出的鐵路線，沿著樫木平北緣開鑿，出了峽谷段後又以之字形方式下抵土場，而手繪的舊地圖上確實標有兩座隧道，與林淸池先生的紀錄相符。爲了更進一步取得確切的座標，事前到林務局農林航空測量所購買鳩之澤附近的航空照片，經過疊圖分析、確定隧道以及舊土場聚落的範圍後，接著就是實地調查了。

土場草長

「土場」一詞出自日本林業用語，指木材自山區轉運至平地的集散地。若今日前往太平山，將在多望大橋橋頭見到土場車站，一旁還展示羅東森林鐵道之車輛。然而，考察日治時期乃至戰後的舊地圖，會發現大多時候「土場」都標示在距離今日土場車站約一點五公里的南方、位於土場溪左岸的寬大河階地上，此地轉運舊太平山時代來自樫木平索道的木材，以及新太平山時代來自鳩之澤索道的木材，在龐大勞動人口聚集下也形成偌大聚落。

鳩之澤線的隧道。出處：宜蘭縣史館提供

橫越多望溪，鐵軌離開了濁水溪（蘭陽溪）的主流，沿著多望溪左岸繼續前進。此處似乎有一種接近山裡的感覺，可以說是太平山山腳附近。不久，從車窗遠眺可以看到像溫泉浴場一樣的建築物，芹田先生說那是土場。大約下午四點，抵達了森林鐵路的終點土場車站，車站前堆積如山的巨大木材也是一大壯觀，旁邊有載滿木材的列車正在忙碌地做發車前準備。在這裡，從山上運來的木材先被從臺車上卸下，然後轉移至火車上，因此每天可以吞吐數百立方公尺的木材。土場海拔四百米，曾經以溫泉浴場聞名，是太平山的門戶。但是，營林所的事業在昭和11年從舊太平山移至現在的新太平山，隨著鳩之澤溫泉的出現，土場逐漸沒落，現在只剩下俱樂部的老建築和溫暖的溫泉勉強保留了昔日的風貌。然而，從營林所的事業角度來看，它隨著時間的推移反而增加了其重要性，成為運輸的中轉站、扮演重要的角色，這是不言而喻的。（太平山紀行，HT生，臺法月報，第34卷第2期，頁80-86，昭和14年12月。）

二〇一七年五月二十七日，晚間八時。五人從臺大乘坐自家車出發，在宜蘭轉運站與東霖會合，之後搭車到住在宜蘭的定宇學長家寄宿。老朋友、新朋友各自聊起往事，在酒精助威下話題持續到半夜。隔天一早，晴時多雲，東霖昨夜的宿醉未退，只見他不斷把背包內的東西翻出來又收回去，然後看著早餐的粽子發呆。見隊員狀況不佳，爲防意外，決定延後出發，最後抵達多望大橋前已接近九點。先前有人試著沿多望大橋旁的便道騎摩托車到舊土場，然而不得其門而入。我們沿著便道前行，經過多望溪支流後不久就遇芒草橫樹攔路，顯然經過幾年路況已變差不少。於是我們選擇直接往多望溪下切，之後再沿著寬大的河床走到土場聚落下方。沿著水混濁但不深的溪流往上游走，十點左右抵達經建版地形圖上標有林務局員工宿泊所的位置，現地爲一乾溪溝，其右岸上方爲一平坦地，應爲經建圖中標示林務局員工宿泊所。上切點附近坡度陡且植被稀疏，因此花了一番功夫才上切到長滿刺柄碗蕨的平坦地，大家拿出草刀、山刀開始砍草找尋遺跡。在此，我們發現幾堵磚牆、洗手臺以及遍地的浪板，但未見完整的建築物。於是我們往南離開平坦地，開始沿河階找下切點，欲下切回溪床，但都有一定落差故繼續腰繞，直到遇到一段落差十公尺的碎石邊坡，決定在此架繩下切，過程中開始飄起小雨，大家穿好雨衣，沿多望溪溪床續行，一路上於左岸二十公尺高度左右都可看見鳩之澤線的殘軌，看來當年的六十幾座橋樑泰半流失。

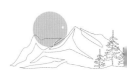

林務局員工宿泊所遺跡

抵達舊土場已是近午時分。由溪底往上看去有數層平坦河階地，上切沿路爲兩米高的刺柄碗蕨，大家一邊在植物中鑽行，一邊之字形一階階上切尋找遺跡，但是到了第三個階地仍未找到大型遺跡，且以附近看來應是荒廢開墾地，推測在林場裁撤之後又有開墾行爲，因此遺跡可能留存不多，此外此時逐漸下起大雨，大家討論是否再往前找，最後見時間延誤，決定下切回溪底續往鳩之澤方向溯行。

暴漲的多望溪

回到多望溪溪床已是中午，雨勢漸大。續沿左岸溯行至土場南端多望溪開始收窄處，此處河灘地消失，見眼前的濁流，大家討論應使用繩索輔助過溪繼續沿大溪床上溯或上切以腰繞方式通過，而我決定午餐過後看情況再判斷。吃完午餐後發現水位上漲不少且變湍急，於是決定先上切腰繞。一開始爲草生地，不久後進樹林，並在林中跟到一段駁坎堆砌起來的路，從高度研判可能是跟到舊鐵路路基，但跟著走了半小時後遇到路基崩毀，再上切又有重重黃藤阻路，只好再度下切溪底，並且在繩索的輔助下順利輪流

一陣暴雨後變成奶茶色的多望溪

渡溪，此時水位約有膝蓋高。

續行不久，右岸河灘地消失，只好再度渡溪。走在隊伍前面的我跟東霖研判溪水深度尚可，因此自行橫渡。在後的喬惟見前面兩人已通過因此跟上，但可能不熟悉過溪方法且水勢較大，在渡溪過程中不慎跌倒，幸及時站起，但水瓶不小心被溪水沖走。身爲領隊的我著實嚇了一跳，這才意識到在隊伍行進時要更注意每個隊員的動向，並預判可能遇到的風險。全員安全過溪後不久抵達隧道的上切點，兩邊山壁陡直，大家放下大背包、帶上輕裝上切找尋鐵道路基。

由汽油為動力的火車頭牽引著，我們乘坐於連接在數十輛空臺車後方的客車，它的屋頂是鐵皮的。不久後就啟程了。在告別土場的建築物後，車子穿過懸崖峭壁，沿著緩傾斜著的軌道蜿蜒而上，發出引擎聲和客車鐵皮屋頂的回響，猶如交響樂一般。從上方俯瞰著多望溪清流，仰望著霧中若隱若現的密林，陶醉於自然之美中。有時，當火車穿過危險的高橋時，會讓人心驚膽戰。（太平山紀行，HT生，臺法月報，第34卷第2期，頁80-86，昭和14年12月。）

我在前頭帶著大家上切，雖然坡度陡但不至於需要繩索輔助，大家手腳並用、小心翼翼地抓著植物及岩壁上切，上切約三十公尺後發現鳩之澤線路基，沿路基走不久發現完好鐵軌，再往前三十公尺爲亂石堆。小心通過亂石堆，路基盡頭爲一堵山壁，而這不就是林清池先生書中所附鳩之澤線隧道照片中的景象嗎？雖然距離出發時間也不過六個小時光景，在雨中歷經植被鑽行、驚險渡溪後，抵達這計畫許久的目的地，還是令人有得來不易的成就感。隧道西口爲二公尺高的落石所阻，但仍可進入，一走進隧道口，幽暗與黴味逐漸從四面八方襲來，戴上頭燈往裡面探，微弱的燈光只能約略驅散目光所及

之處的闇，因廷得耳效應現形爲光束的是太平山不散的霧氣，是蝕化桁架的眞菌吐息出的孢子，也是從造訪鳩之澤的遊記中掉出的假名與文字。

路上有許多掉落的石頭以及朽木，但整體來說保存完好。向內走約二十公尺，盡頭已因外側崩塌而阻塞，地面上留存的單線鐵軌爲氧化物所覆蓋、生長，逐漸成爲擬似苔蘚的形狀，未來有一天也會爲苔蘚所化。自爲落石半阻的隧道口走進，隨時可能被落石封存於山體之內的念頭很難不讓人腎上腺素飆升，每踩一步都得小心別喚醒了錯動的頑石、成爲落磐。

沿著原路回到溪底，溪水已成奶茶色，我們於是沿著河岸找了有乾淨水源的河灘地紮營。隨著夜幕逐漸低垂，雨也漸漸平息，用過晚餐後，濕冷的身體也逐漸回溫，我們喝著以溪水冰鎮的啤酒、唱著山歌民歌流行歌，歌聲與溪水交織於多望溪的溪谷之中。翌日，我們被陽光曬醒，經過一夜沉澱，溪水已退去不少，水色亦不再濁黃。整理好營地後，繼續沿著多望溪床行走，到第二攔砂壩附近時，仁澤山莊與吊橋就在眼前，而來泡溫泉的觀光客不停對著這群背著家當、一路從溪底摸上岸的水鬼行注目禮。走過多望吊橋，一行人到思維所屬的團隊手作的步道觀光，看看整理出來的鳩之澤索道著點。

看到這面略顯白色的山壁，眼前畫面立刻與林清池先生書中的老照片串聯起來了

鳩之澤隧道內部。恐懼、興奮、未知全都交纏在一起

在眼前，可以看到索道的巨型木架和粗大的鋼纜，纜線的上端消失在遠方的霧中。此索道竣工於昭和十年三月，是一條複軌、複線、自動式的索道，全長九百七十米，高低差三百五十六米，傾斜角度為二十二度，建造費用為二萬七千七百多圓，標準運輸容量為五千瓦。通常情況下，它運輸一千三百至一千四百貫目（約五噸）的木材。據說最近曾運輸東鄉神社鳥居用的木材，而這塊長十三米、重二十噸的巨大扁柏太重了，於是將其削減為十六噸後成功運輸出去，看來索道的最大負載量相當可觀。索道的鋼纜直

傾頹的鳩之澤索道笠木

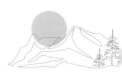

徑約一英吋，包括兩條主索和一條備用索供客車使用，總共六條纜繩，形成雙軌線路。纜繩由直徑約兩尺的大木框支撐，一端深深地固定在地下的混凝土中。制動機位於上方，利用木材下降的重力為動力，將空臺車、物資和客車等吊起來。不久之後，一棵兩端綁著木屐般的臺車、長達數間（一間約二公尺）的巨大圓木緩緩下降，就像破開遠處如幕的霧氣而飛來一樣，而空臺車則被吊起。

看著如此情景，心中想著明日搭乘索道應該不危險，便安心地離開，前往俱樂部，很快就看到了一座優雅的建築，我們被告知那就是鳩之澤俱樂部。我們在燈光昏暗下穿過一個利用大樹根的珍奇門進入玄關，並在服務生的引導下來到接待室。這不是溫泉旅館，而是為林業職員住宿而建的地方，現在開放給公眾使用，自然不會有湯女等人在此。

一行人被帶到一號房，這裡有兩個房間，大小分別為十疊（十六平方公尺）和八疊（十三平方公尺），它們之間有一條六尺長的通道，並配有獨立的浴室。此外，還有三個八疊大小的房間和一個寬敞的浴室。這裡建於昭和十一年，是一座豪華的檜木宮殿，但這個山莊還沒有名字。這裡的柱子、敷居、鴨居等用的都是四方柾，緣板、上至天花板用的也都是沒有節的木頭，障子的腰板則採用華麗的扁柏，年輪緊密、充滿雅致，所有的材料都是從太平山伐出，是在平地上看不到的傑作，用材的豪華程度令人咋舌，是一座奢侈的建築，只能驚嘆它的華麗程度。據說這是由現任營林所大石作業課長設計的，曾經有一名會計檢查院的檢查官看到它時稱其過於奢華。即便如此，我想這位檢查官住在這裡時應該也不是抱著什麼壞心情的。

俱樂部後面有一個發電站，可以供電照亮鳩之澤、土場，以及太平山周圍，而太平山製材所的動力也從這裡供應。坐在旁邊的藤椅上，可以看到多望溪的湍流齧咬著只有幾十間之遙的山壁，山的陡峭斜坡也迫近眼前。這個地方有點像關子嶺，但美麗的溪流和周圍鬱蒼的闊葉樹林讓它成為一個美麗而幽靜的地方，如果沒有親眼看到，很難體會這種景色的吸引力。

雖然沒有草山、北投的繁華，但這個地方沒有被俗世化，是一個完全遠離塵世的世界。在對岸溪流的山腳處，有許多地方冒著熱氣、噴出溫泉，這就是溫泉的源頭，僅僅幾分鐘就可以煮熟飯、蛋或茄子，可見其水溫之高。向左看去，可以看到鳩之澤的索道運行，看起來彷彿觸手可及，景色如詩如畫，難以言喻。

繼續低唱的多望溪

解開旅行的裝束，然後跳進溫泉裡。浴室由兩間或三間的瓷磚鋪成，角落裡有一個約五尺大小的美麗浴缸。這裡的泉水豐富，靈泉和檜木香不斷湧出。這個溫泉無色無味，主要成分是弱鹼性的碳酸氫鈉，使皮膚滑溜溜的。泡在湯裡，欣賞著夕陽薄霧中的風景和索道的昇降，也是一種獨特的樂趣。充分洗滌身心、享受靈氣後準備用餐。泡湯後享用一杯酒，不僅對愛喝酒的人來說是種享受，對筆者這種不太能喝酒的人來說感覺也不錯，而且這裡還有非常美味的胚芽飯。用完餐後與人閒談，雨仍然下著。下午十一時，再度浸泡在溫泉中，之後裹著溫暖的毛毯入眠。夜晚的鳩之澤非常寧靜，只有溪流聲環繞在耳邊。（太平山紀行，HT生，臺法月報，第34卷第2期，頁80-86，昭和14年12月。）

一行人回到山莊，準備泡溫泉。褪去爲雨水、汗水浸漬過的勘查衣物，簡單洗滌身體過後浸入溫泉，雙臂在植被中鑽行留下的傷痕在溫泉中火辣辣的。望著鳩之澤後山，植被在薄霧中依然蓊鬱，流水仍然激盪於溪谷。

重返土場

二〇一八年，應羅東林管處友人之邀，我們再次前往舊土場調查，此次目標是樫木平索道下方的山路。當時思維所屬的千里步道協會在鳩之澤一帶修建手做步道，而這條在日治時期多有登山客利用的道路便成爲我們調查的目標之一。宮地硬介在〈太平山踏破〉中描述到：「這座高一千三百尺的陡坡很難爬，尤其是遞送夫還背負著好幾斤的貨物，看起來很辛苦。我已經喘得像在山裡奔跑的獵犬了，再看到那能夠輕鬆上下坡的纜車只需要四五分鐘就能登頂，更讓人感到有點生氣。」我們想看看經過九十年歲月，這條道路是否還能爲同樣造訪太平山的遊客所用。

不同於上回造訪，出發時背著顆冷凍的西瓜，頂著大太陽、走在綠草如茵的河灘地

上，此刻的心情更像是出門玩耍。觀察日治時期地圖，此條登山小徑乃自舊土場聚落南側的溪溝左岸爬升，橫越溪溝後再沿著稜線直上樫木平。有了上次直闖舊土場聚落、落得滿身刺柄碗蕨的經驗，我們這次決定直取舊土場聚落南側溪溝，自其左岸上溯一段，看是否能找到登山小徑的蹤影。

在晴空下的溪床邊走邊曬一個小時後，我們來到預定上切點，鑽過一小段刺柄碗蕨後隨即進入闊葉林，很快地我們便在林下發現沿山坡而修葺的大片駁坎以及礙子，沿著稜線續往上切，竟然偶然撞見幾級水泥石階，拾級而上，石

土場國小牌樓

階的最上端竟有書寫「土場國民學校」的牌樓。

我們穿過長滿雜樹藤蔓的舊操場，來到校園南側一棟獨立的水泥建物，裡面滿是遺留的檔案櫃、書桌等等，滿地散落著文件。隨意拿起幾沓翻閱，內容包含土場國民學校的人事檔案、教育刊物等等。我漫步在這彷彿時空膠囊的辦公室裡，嗅著舊檔案迷人的氣味，這時凱傑喚著要我過去看看他找到的文件，竟是日治時期太平山小學校、民國時期太平國小以及土場國民學校的學籍檔案，經過太平山水氣近百年的浸潤，字跡仍清晰如初，記載著學童的籍貫、家

太平山小學校、太平國小及土場國小的學籍資料

長職業以及各學年的成績、受獎紀錄等等，彷彿更看清楚那些遠渡重洋來到這片山林的人的面孔。我們暫且放下這批檔案，繼續逛著廢棄但保存完好的土場國小遺址，心裡卻是一邊交戰著：究竟該怎麼處理這批檔案？

逛完一圈校園，我們回到辦公室，決定把文件帶下山。雖然說大多時候，我們都秉持著維持現地原況、不帶走遺物的原則，然而看著其他散落在地上，爲野生動物啃咬、風化消失的文件，內心還是動搖了，最終決定由同行的羅東林管處友人帶回林務局典藏，至少存放於政府機關可以獲得一定水準的保存條件，未來亦可能爲研究者所用。我們小心翼翼地把學籍資料裝進夾鏈袋、放進背包後，繼續樫木平登山小徑之踏查。

坡道難

繼續沿著溪溝左岸上切，我們遇到一階藤蔓橫亙的隘口，可能就是當年舊土場往登山小徑的路口。跟著路徑來到溪溝，多年來的礫石沉積下已看不出任何人爲的遺留；過溪後開始沿著地圖上畫的小徑上切，路況更是差上一截，肩負著沉甸甸的冷凍西瓜與三

所學校的學籍資料，踩在鬆軟的土質上很是踉蹌，驕陽曬在低海拔闊葉林中蒸騰出的瘴癘之氣更是讓人難耐，若此時還有淩空而過的索道客車，我想我的心情也會與宮地硬介一樣。我們在中途一處長滿蕨類、可俯瞰舊土場的坡地上稍事休息，拿出冰涼的西瓜以及銅門刀，準備一刀落下、終結我們的渴，沒想到一個沒算準，砍下的大半顆西瓜就這麼順著坡度一路往下滾到蕨類海中消失不見，都快分不清楚臉上的鹹究竟是淚水還是汗水了。

根據農林航空測量所攝製的航空照片，樫木平在戰後曾改作苗圃之用，曾經的大片聚落在航空照片上爲一畦畦農田所取代；是以，我們在好不容易爬上如今長滿柳杉的山頂、撿到幾瓶農藥空罐之後，便取十字路山傳統路下山，誰想在層層柳杉針葉掩蓋下竟掩蓋著樫木平聚落的龐大駁坎遺跡？

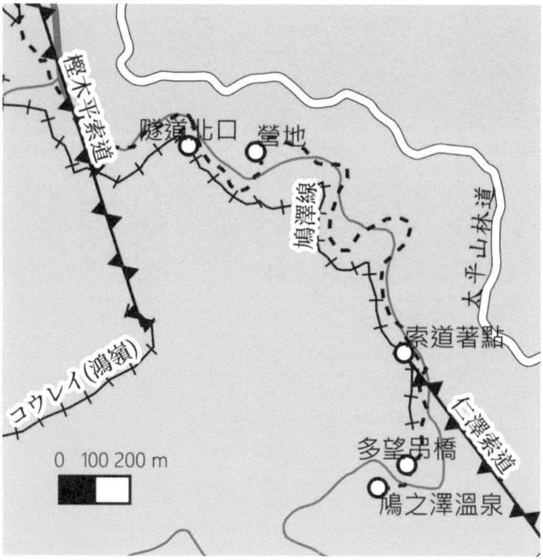
檜木平索道
隧道北口
營地
鳩澤線
太平山林道
索道著點
コウレイ(鴻嶺)
仁澤索道
多望吊橋
鳩之澤溫泉
0 100 200 m

鳩之澤線

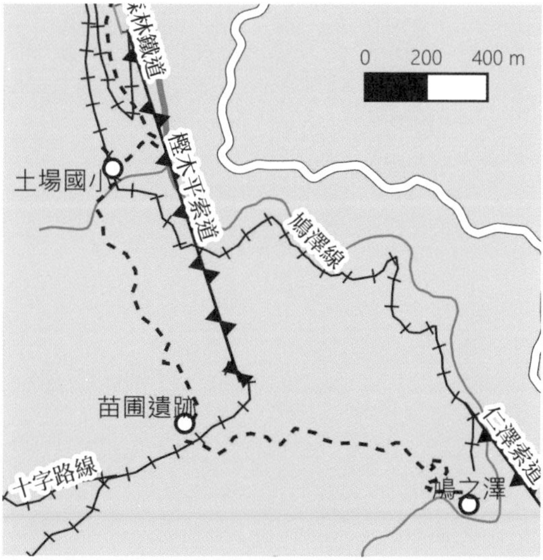
林鐵道
0 200 400 m
檜木平索道
土場國小
鳩澤線
苗圃遺跡
十字路線
仁澤索道
鳩之澤

土場國小

空旦線巡禮

温凱傑

前言

在舊太平山南方的多望溪溪谷中，有條稱爲「空旦線」的鐵道，距離雖不長，但沿線有舊太平山唯一一條伏地索道，且有岔路通往神祕的儲木池「門之澤」，而別具特色。

空旦線又稱爲「門之澤線」，起點在太平山聚落的下方。十字路線在這裡一分爲二，分歧點的左側是加羅山線，右側緩緩上行的就是空旦線，順著多望溪溪谷上游迂迴前進，會經過通往門之澤的岔路、カヤマイ線的分岔點，最終抵達「源」伏地索道的著點。其中，「門之澤」這個神祕的地點，散見於《太平山登山の栞》等日治時期地圖，

但甚少被當時的遊記及文獻提及，位置也不太明確，我們從稀少的資料中大概可以知道，它是一個小型的儲木池，但規模、位置如何，就只能實地探索了。

昭和時期登山道

「源」是舊太平山重要的據點，約一九二四年即開始建立形成伐木聚落。一九二六年，伏地索道建成。和一般在空中懸吊鋼索運輸的索道不同，伏地索道是將山坡整理成坡度一致的陡坡，鋪設鋼纜、

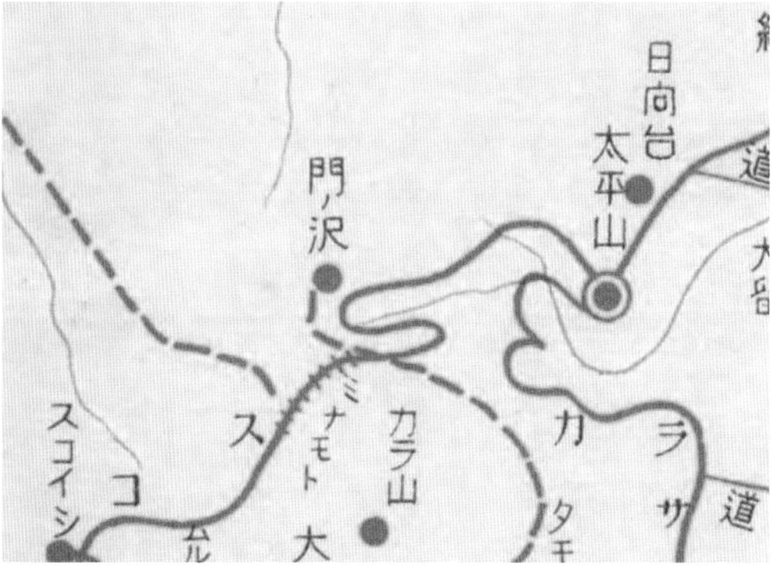

日治時期空旦線附近已是登山者常用路線。出處：『太平山登山の栞』,臺灣總督府營林所,[19--].国立国会図書館デジタルコレクション https://dl.ndl.go.jp/pid/1909859（參照2024-02-07）

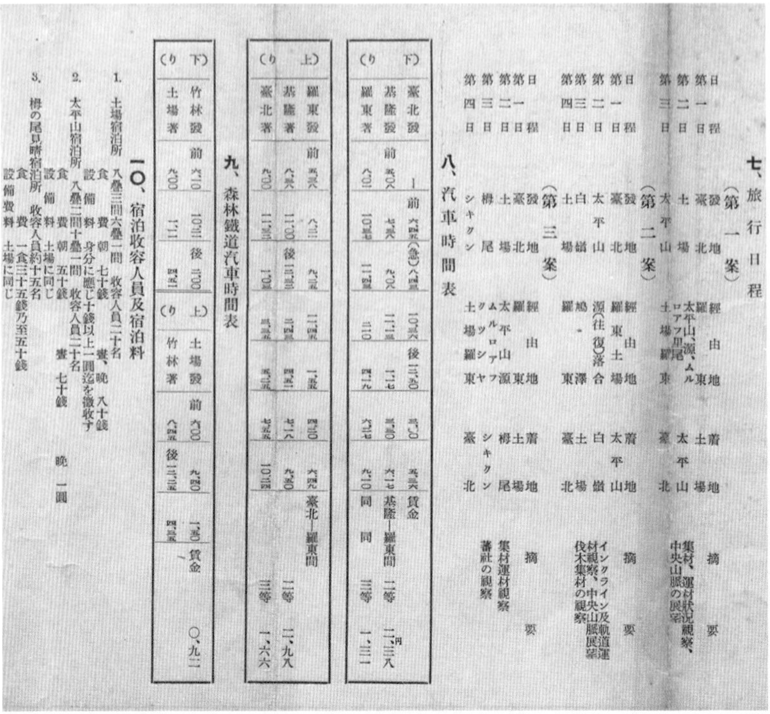

七、旅行日程

（第一案）

日程	發地	經由地	着地	摘要
第一日	臺北	羅東	土場	集材、運材狀況觀察、中央山脈の展望
第二日	土場	太平山、源、ムルロアフ里尾	太平山	
第三日	太平山	土場羅東	臺北	

（第二案）

日程	發地	經由地	着地	摘要
第一日	臺北	羅東土場	太平山	インクライン及軌道運材觀察、中央山脈展望
第二日	太平山	源（往復）落合	白嶺	伐木集材の觀察
第三日	白嶺	鳩之澤	土場	
第四日	土場	羅東	臺北	

（第三案）

日程	發地	經由地	着地	摘要
第一日	臺北	羅東	土場	集材運材觀察
第二日	土場	太平山源	栂尾	蕃社の觀察
第三日	栂尾	ムルロアフ	シキクン	
第四日	シキクン	クツシヤ土場羅東	臺北	

八、汽車時間表

（下り）								賃金	
臺北發	前 [illegible]	前 [illegible]（急）[illegible]	[illegible]	後 [illegible]	[illegible]	[illegible]	基隆—羅東間	二等	二、三八円
基隆發	[illegible]	[illegible]	[illegible]	[illegible]	[illegible]	[illegible]	同		
羅東着	[illegible]	[illegible]	[illegible]	[illegible]	[illegible]	[illegible]	同	三等	一、三一

（上り）									
羅東發	前 [illegible]	[illegible]	[illegible]	[illegible]	[illegible]	[illegible]	[illegible]	臺北—羅東間	
基隆着	[illegible]	[illegible]	後 [illegible]	[illegible]	[illegible]	[illegible]	[illegible]	二等	二、九八
臺北着	[illegible]	[illegible]	[illegible]	[illegible]	[illegible]	[illegible]	[illegible]	三等	一、六六

九、森林鐵道汽車時間表

（下り）				（上り）				賃金
竹林發	前 [illegible]	[illegible]	後 [illegible]	土場發	前 [illegible]	[illegible]	[illegible]	〇、九二
土場著	[illegible]	[illegible]	[illegible]	竹林著	[illegible]	後 [illegible]	[illegible]	

一〇、宿泊收容人員及宿泊料

1. 土場宿泊所　八疊三間六疊一間　收容人員二十名
　食　費　朝　七十錢　晝、晚　八十錢
　設備料　身分に應じ十錢以上一圓迄を徴收す
2. 太平山宿泊所　八疊二間十疊一間　收容人員二十名
　食　費　朝　五十錢　晝　七十錢　晚　一圓
　設備料　土場に同じ
3. 栂の尾見晴宿泊所　收容人員約十五名
　食　費　一食三十五錢乃至五十錢
　設備費料　土場に同じ

日治時期舊太平山旅遊說明書，其中旅程第三案即住宿栂尾，手冊中還介紹栂尾宿泊所的房型及價格。出處：《太平山登山の栞》，臺灣總督府營林所,[19--].国立国会図書館デジタルコレクション https://dl.ndl.go.jp/pid/1909859（參照2024-02-07）

軌道，以纜線拖拉的方式運送木材。「源」伏地索道的著點和發送點分別有「源下部」和「源上部」，兩者高差約有兩百公尺，主要聚落是源下，而源上則是舊太平山海拔最高的鐵道「須古石線」的起點，通往栂尾、中尾等位在給里洛山區域的據點。

在昭和年間，這是一條熱門的登山及觀光路線。當時普遍會在舊太平山過一夜，隔天清晨順著空旦線來到「源」，爬上陡峭的伏地索道，再順著須古石線前往栂尾的俱樂部住宿，住宿一天後，隔天造訪穆魯羅亞滬，甚至攀爬更深遠的給里洛山、南湖北稜。

探訪伏地索道

由於空旦線位處溪谷，擔心長年沖刷早已無法通行，因此本次探勘我們決定逆向而行，先由上而下探訪伏地索道，再橫越空旦線，探索溪谷對岸的門之澤。

在往加羅湖的傳統路上，海拔約一千九百公尺處有塊平坦的空地，這裡是當年須古石線的遺跡。走到平臺邊緣，順著稜線向下，約莫下降三十公尺，眾多鐵件開始出現，

伏地索道上端的鐵件

這裡就是伏地索道的上端。按照〈南湖次高山紀行〉的記載，該伏地索道的鋼纜由十九條六股線捻成，爲關西製鋼製作。在這片遺址後方的山坡上，有數層壯觀的階梯狀遺構，或許是昔日安裝捲揚機具的位置。

從源上部繼續下切，撥開腳邊的蕨類，一條陡峭且筆直的大道出現在眼前，直直深入雲霧彼端的多望溪底。日治時期的多篇遊記都提到，由源下部攀爬這段陡坡的辛苦，或偷偷搭乘臺車上坡的驚險刺激。

索道上疑似臺車的遺構

「在登山口旁的小屋裡得到通知後，臺車被粗大的鋼纜牽引、緩慢地上升。我們快樂得像個孩子，斜坡也變得愈來愈陡峭。儘管在臺車上，但由於雙手緊緊抓著臺車，與其說是乘坐，更該說是被拉上去的。回頭看，直線的軌道往下延伸了數百英尺。如果不小心鬆手，翻滾下去可能很有趣，但也可能是一場大災難，因此我使勁握住前欄杆，冷汗從額頭上流下來。」（太平山踏破，宮地硬介，臺灣遞信協會雜誌，第137期，頁27-37，昭和8年6月17日。）

巨材を積んだ臺車が猛然と落下する急傾斜のインクライン

雲霧中筆直陡峭的伏地索道。出處：大島正満著《タイヤルは招く》，第一書房，昭和10.国立国会図書館デジタルコレクション https://dl.ndl.go.jp/pid/1234758（參照2024-02-07）

源下部散落許多瓷器及生活器具

經過將近百年，伏地索道上的鐵軌幾乎都已被移除，但規模仍然相當壯觀。我們順著陡坡下切，走入太平山的霧裡，彷彿跌進時光隧道中。

下降兩百公尺後，即到達伏地索道的起點「源下部」。這裡有三、四層平臺，散落許多瓷碗、酒瓶，器物不乏精緻紋路。仔細搜索，也有部分鐵軌及鐵件覆蓋在茂密的植被下，不難感受當年盛況。端詳這些生活遺跡，不知道當年離鄉來這深山的人們，抱持著什麼樣的心情在這裡生活呢？此時霧雨逐漸散去，太平山少見的陽光穿過氤氳的水氣，把整片遺址區映照得更顯翠綠和生機蓬勃。

尋找門之澤

源下部原先銜接空日線軌道，但由於位處溪谷，路線已難以辨識，搜索一陣後，我們決定直接順著附近的林道往北行，從轉稜附近下切並橫越溪谷，前往土場溪對岸的門之澤。按照林野圖，空日線應該也在這附近橫越溪流，但現場看起來除了一些被砍伐的樹頭以外，幾乎沒有其他遺跡。

光富龜二於〈林業生活二十有餘年に亙る感激の想出〉一文中，記錄了門之澤蓄水集材的情景。出處：宜蘭縣史館提供

繼續往上爬，在翻越稜線之前，經過幾個木炭窯，這裡已經靠近門之澤的作業區了。踩在潮濕的森林裡，殘伐後的巨木上掛滿松蘿，雲霧又慢慢籠罩，下方傳來陣陣蛙鳴，一片若隱若現的水澤窪地映入眼簾，那裡就是推想中的門之澤。

根據〈太平山創業當時の話〉，門之澤的名稱，來自於當地溪流在泰雅語稱爲「birifun」，意爲「入口」或「門框」，或許就是在形容這片位於給給池東邊閉塞的谷地。

這片沼澤被矮小青翠的芒草覆蓋，試著踩進水澤中，淤泥和水位並不深，穿著雨鞋踏入約到小腿肚高度，可以輕易走到沼澤中央。靠近東側的出水口處有較大一些的湖面，淺淺的湖中，可看到許多伐木後的殘材堆積，也更印證這裡就是作爲臨時儲木池的門之澤。

結尾

如今，雖然空旦線柔腸寸斷，我們已難像前人那樣，復刻當時由舊太平山攀登加羅湖的登山路徑，

疑似門之澤的沼澤窪地，位於給給池東方

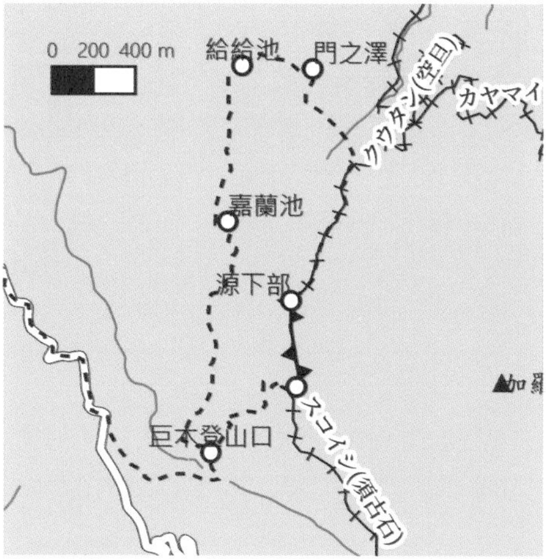

但沿途的重要據點如伏地索道、源下部聚落、門之澤等，都仍有跡可循，且距離加羅湖、給給池、嘉蘭池等步道並不遠，很適合大眾多安排半日至一日的額外行程，探索舊太平時光。

門之澤

出水口的水深較深，並堆積許多殘材

多聞溪見晴

王亭勻

緣起太平

「太平山」三個字自我參加登山社第一支隊伍以來便反覆蕩漾在我耳畔，「第一美林」、「遺址」、「樹幹上微濕的松蘿」這些片段且模糊的字句勾勒出我心中太平山的輪廓，使我對其心生嚮往。與此同時，還不曉得此區名字緣來的我也擅自在心中爲他增添了幾分浪漫但過於天真的想像。「太平山之名乃由現在事務所轉移前，當時主任技師中里氏，將蕃語直譯者。且佐久間總督五年討伐告終，天下歸於太平之意」。根據《臺灣日日新報》在一九三六年七月二十八日的報導所言，可見太平山的命名是由日籍技師以日本政府的立場所起的名字，並非我想像中「霧林中水氣氤氳，寧靜祥和」的那般景象。

在我參與登山社半年後，我終於迎來第一支前往太平山區的勘查隊：二〇二二年中秋連假由張騫翩擔任領隊的「多聞溪加羅中秋團」。這隊主要探訪見晴與多聞溪，雖然不知道地名由來，但兩個名字都滿足我心裡對太平山的爛漫想像，使我期待上山能看到撥雲見日般優美的山景。恰巧的是，彼時正逢登山社舉行的「一起閱讀山林罷」讀書會，而我負責帶領討論高俊宏老師的《橫斷記：臺灣山林戰爭、帝國與影像》。作者透過踏查與自身經驗的聯想及耆老的訪談，再討論文獻中關於日本政府帝國主義在臺灣山林中所留下來的傷痕。作者彷彿超越時間的桎梏，在過去與現在、家國與個人的敘事之間自由地穿梭。其中一個篇章所描述的〈眠腦〉，便是指舊太平山。懷揣著讀完書籍後對太平山的好奇，以及中秋佳節想要在山上湊熱鬧的心情，我就懵懂地上山了。這支隊伍是我報名社團嚮導考試後出的第一支隊伍，不論是對於太平山區的歷史，還是身爲嚮導在山上應該具備的能力，這時的我都還一知半解。

這隊大致的路線是從見晴懷古步道出發，沿著見晴線往西南走，經過臺肥五號實驗區立牌後，沿著稜線下切多聞溪，再由對面稜線上切尋找多聞溪聚落，後由加羅山北稜接到加羅北池，走加羅湖傳統路出四季村。這條路線的目標除了單攻二〇一七年「多聞溪拆橋大隊」單攻未果的多聞溪聚落外，最重要的就是在第二天夜晚於加羅北池與友隊「北池神社加羅秋」舉行中秋節會師。

上山前晚，兩隊人馬一起搭乘葛瑪蘭客運至羅東客運站。就寢時間還未到，眾人先想到今天是友隊領隊婕伶的生日，因此在羅東車站前站斜對面的全聯買了蛋糕，一行人坐在車站地板就唱起了登山社專屬的生日快樂歌〈依然在我心深處〉。這晚是我第一次睡在傳說中蚊子很多、機具聲音很吵的羅東車站。

羅東車站艱辛的席地而睡

見晴懷古步道口合影

見晴線

清晨三點五十分，兩隊搭計程車前往各自的出發點，即將前往多聞溪的我們在見晴懷古步道入口下車。雖然海拔不高，但清晨冷冽的風還是刺得我們在拍完出發照後趕緊出發，大力邁開腳步讓身體熱起來。

約十分鐘後我們就到了步道終點，進入廢棄見晴線的範圍。行經幾個崩溝，沿途見到集材所使用的滑輪、涼亭，與工寮等等。大約兩個半小時後，忽然瞥見壯觀的鐵路隘口，我與甯襄則被一旁的黃色蹦蹦車車門吸引。附近有日治時期玻璃瓶、建築物地基等，大家閒逛一番後續行。經過數段鐵道與對照區牌後轉西沿著稜線下行，隨著稜線逐漸轉北，不久聽見滾滾溪水的聲音，這也代表我們離第一天的營地越來越近了。

多聞溪聚落

下午一點四十五分，我們下抵多聞溪底，脫雨鞋、褲子之後過溪。《太平山登山の栞》在介紹多聞溪鐵線橋時提及「溪流中布滿奇岩怪石」且「環境清幽壯麗」。雖然不清楚鐵線橋的確切位置，但對於現在只需徒步就能過溪的我來說難以想像當年需要仰賴橋樑才能通行的情況。雖然過溪不難是件好事，心裡好奇的我卻也貪心地想一睹鐵線橋的樣貌。若以日本政府的視角而言，如何最大化手裡的資源可能才是他們的主要考量。一九四四年十一月的公文〈林業部羅東出張所呈報有關多聞溪鐵線橋鋼索明細及所需經費並請示賣出事宜〉清楚地顯露出在二戰期間原先為觀光景點與交通道路的多聞溪鐵線橋最終轉換成為另一種需求更急迫的物品原料。而沿著同樣道路抵達多聞溪的我們，少了搬運費與戰爭等目的，卻也一樣尋找著鐵線橋的蹤影——像是二〇一七年的紀錄中即發現一根長約三十公分的生鏽大鉚釘。

◇[illegible]行脚◇（5）太平山事務所下から森林軌道で加羅山線へ乗ると終點に近く多聞溪の鐵線橋がある長さ一千尺、高さ二百五十尺と言ふから可成大きな架け橋である、橋の手前に一本づゝ立つてゐるのは香杉と言つて本島では良く植林・植ゑられてゐる杉の木だそうなが、この附近一帶はこの香杉の密林である（M生）

多聞溪鐵線橋。出處：臺灣日日新報

本次隊伍並沒有要尋找鐵線橋的計畫，而是將重點放在多聞溪聚落，因此過溪後差不多就該開始尋找營地，準備隔日的行程。過溪後即見幾階階地，翻上第二層後會抵達更大的平臺，在此，爬山資歷尚淺的我第一次撞見兩隻正在飲用溪水的山羌。過於欣喜的我忍不住叫了一聲「有山羌！」對岸的山羌便立即警覺起來、拔腿就跑。當下覺得這份驚喜無法與他人分享很可惜，但想想也許同行資深的班底也早已見怪不怪。

確定營地後由於時間還很充裕，所以騫翮、陳芃、甯襄與我便輕裝前往探多聞溪聚落。我與甯襄從第二層平臺一邊上稜一邊向騫翮陳芃學習如何綁路條：路條要綁在足夠強壯的樹枝上、前後一個路條要在可視範圍內等等，在這樣走走停停的狀況下大約四十分鐘後抵達多聞溪聚落，雖然沿途就偶見玻璃瓶，但在抵達多聞溪時我還是驚訝於眼前成群成堆的遺物，仔細翻找還會看見各種不同用途、外型的器物，像是礙子、壺、保養品等等。我們之後折返，循著剛綁上的「臺大登山社」路條，不久便回到營地準備晚餐。

這隊是我第一支考嚮導考試室外考項目的隊伍，第一天考試的項目是煮米飯，我在沒有太多壓力的狀況下順利通過了。此時最緊張的反而是領隊騫翮，有意參加山難部部員選拔的他請湘君替他模擬處理山難的狀況，為下一次的問答做準備。除了準備長程勘查隊伍、山難案例檢討，以及選領隊小論文之外，還需要模擬處理山難的狀況，像是調度、統籌山下的資源與山難部部員。透過短暫與山上領隊通電話的時間，問到關鍵資訊等，這考驗沉著應對山難的能力，是部員選拔過程中最令人緊張的一個環節。是夜，我們就在山難事件的討論中沉沉睡去。

採集者的足跡

翌日早上六點三十四分，我們拍完出發照後準時出發，跟著前日繫上的紅布條走，押隊的人則負責拆下路條，大約半小時就回到了多聞溪。我們在平臺之上閒晃，遇見一個又一個似曾相識的玻璃瓶，偶爾可以撞見沒看過的容器，硬是將不到半小時可以走完的路走成了一個小時。隊員們有人閒逛、有人補眠，而小杰則拿出了一把鏟子與一個透明夾鏈袋，讓大家都忍不住問他打算做什麼，原來就讀於農業化學系的他爲了報告已經準備好出這隊時要採集土壤。雖然很突兀，但會這麼做的人不只小杰。九州帝國大學昆蟲學教授江崎悌三在《臺灣採集旅行記第二回》中提到，一九三二年七月他從四季社進入太平山山區，並在七月二十三日的傍晚來到了多聞溪俱樂部，當時的他也在採集，不過目標則是昆蟲。不論是小杰還是江崎悌三，對此並無興趣的人如我可能也會不明所以，但轉念一想又會覺得他們爲了採集來到山裡很有毅力，而我來山裡又是爲了什麼呢？沒有目標卻走了這些並不輕鬆的路，這樣看來我似乎更怪呢。

一直到蓊鬱的樹葉隨著吹來的微風在空中擺動，將清早的陽光都擋了起來、帶來些許寒意，我們才在寒風中續行。我們一路上切至林道，前往下一個目標「カヤマイ索道發送點」。成大在二〇一七年的紀錄中抵達此地，而我們抱持著期待的心

遍地泥炭苔的海綿谷

情自林道下切，約二十分鐘後，我們邂逅了一個谷地，這個谷地由泥炭苔所鋪成，每踩一步就會略微下陷，而若不小心像我們一樣坐在上面，起身時褲子就會濕出一個屁股的形狀。即使如此，當我們頂著陰涼的樹蔭下切數十分鐘後，看見和煦的陽光溫柔地灑在嫩青的植被上，我們還是毫不猶豫地躺了上去，將此地命名為海綿谷。午餐吃到一半，領隊鶱翾突然想起了什麼似地，扭扭捏捏地說他有個「不情之請」：陪他回下切處拿他忘了帶的底片相機。雖然這段路再走一趟也滿累，但考量到自己的身分是學員，所以還是陪同他回去取相機，也才有機會用底片獨特的色調來記錄下這一切。

カヤマイ索道發送點

拿到底片相機並且擺拍後，我們沒有忘記最終目標，繼續往工作站前進。當時的我懵懵懂懂，也不確定到底走了多久、走到了哪裡。但在大家邊走邊討論一段時間後，隊員們陸陸續續發現地面上的遺留，才確認我們已經抵達了一直不確定是否能順利到達的カヤマイ索道發送點。大家各自閒晃一陣子後，突然有人提議「我們來拍影片！」於是一場鬧劇開始，隊員們溝通劇本、分配角色後就由卉卉擔任攝影師，記錄下我們以工作站的平底鍋、便當盒、玻璃罐爲道具產出的影片。雖然每次在山上拍的影片都很無厘頭，但在山下的日子裡我都會重複看好幾次，一邊看一邊感謝影片爲不知道什麼時候會再一起爬山的人、還有不知道什麼時候才會再次造訪的地方留下紀念。

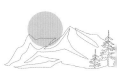

中秋會師

在工作站玩了一陣子後，我們回到放下重裝的地方。這時，突然有人說：「你們有聽到人的聲音嗎？」隊員們安靜了一會，覺得隱約可聽見的人聲應該是友隊的聲音。在瘋狂的吆喝後，我們將無線電拿出來，告知他們索道發送點的位置，接著便先往加羅北池前進。三點二十五分，較早到的我們先紮營，等待友隊到來的同時我又考了搭帳，順利通過此行要考的所有室外考項目。約莫五六點的時候，友隊也抵達了，加羅北池旁的大塊草地成爲我們的超大營地，一旁還有池水可以煮飯。於是，一場晚會就開始了，身爲大廚的我與友隊的大廚邊煮飯邊聊天，不遠的營帳裡也不時傳來大笑聲。隨著正餐結束又進入宵夜時間，除了原定的薰衣草茶凍、豆漿麻糬外，隊員們各自帶的宵夜也是千奇百怪。最後我們在很應景的〈沒有月亮的晚上〉歌聲中開啟點歌環節，中秋連假的最後一個晚上就這麼過去了。

下山的路都是傳統路，理論上不需太久就可以下山，但從第三天早上開始的降雨愈來愈大，再加上隊員身體狀況不好，使得隊伍在雨中緩慢行進，穿著濕透的衣服身子始終熱不起來。從加羅北池出發、沒有休息地走了四個小時，終於抵達四季護管所。過於寒冷的大家開始掏出剩下的水與泡麵煮起來，讓重油重鹹的湯汁與麵體溫暖我們的身心靈。待了一個小時後雨勢漸歇，大家拾起行囊繼續朝四季村走去。走在水泥鋪面的四季林道上，雖然腳趾有些痛，但雨卻幸運地小了不少，在路況好的狀況下大家一路狂奔，看到四季林道紅色柵欄後的包車開心不已。後來，我們在羅東吃完午餐後便搭客運返回臺北，就像後來多次來到太平山區的我一樣，總是會在回程時從一樣的葛瑪蘭客運上看見一樣塞車的雪隧，並在看到此景時期待著下一次的登山一般。

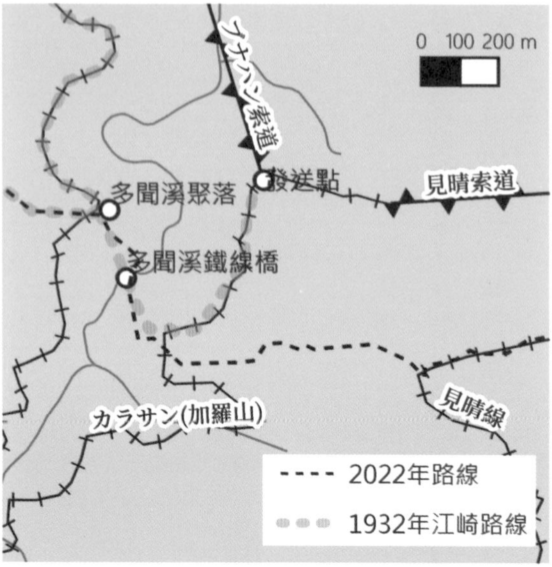
0 100 200 m
ブナハン索道
發送點
見晴索道
多聞溪聚落
多聞溪鐵線橋
カラサン(加羅山)
見晴線
2022年路線
1932年江崎路線

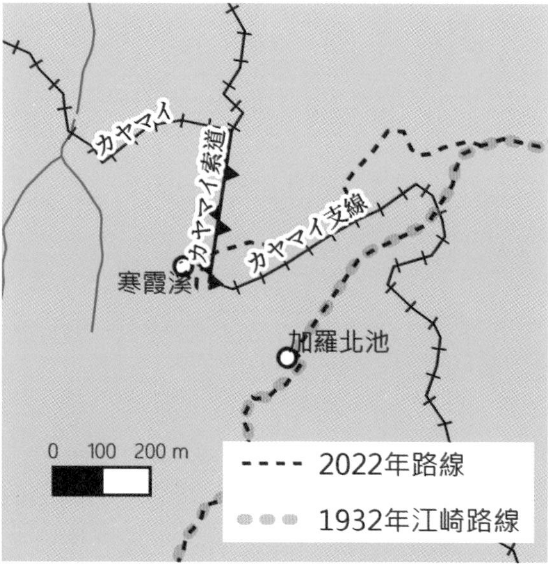
カヤマイ
カヤマイ索道
カヤマイ支線
寒霞溪
加羅北池
0 100 200 m
2022年路線
1932年江崎路線

ブナハン索道尋幽

温凱傑

眾人的歡笑聲劃破寧靜早晨，包車將我們在見晴步道口放下，車門外是一片冷冽清新的空氣，還有吱喳活潑的鳥鳴。陽光灑落蘭陽溪對岸的雪山山脈，步道口就能清楚看到雄壯矗立於雲間的大小霸，山正在甦醒，露水還沒被蒸發，除了我們之外還沒有遊客來。

整理裝備，穿上雨鞋，今天我們不只是來走見晴步道，而是要順著這條森林鐵道，探索更久遠以前的一些伐木遺跡。

見晴鐵道

拍照出發，十幾分鐘就來到0.9K步道終點，繞過貼有警告標語的柵欄，後方的見晴鐵道仍繼續延伸，但明顯荒蕪許多。撥開芒草再往前走一小段，繞過一個小尾稜，一道碎石芒草崩壁將眼前的鐵道完全切斷，只能沿著崩壁邊緣高繞，最終再下切回鐵道。順著鐵道，再跨越兩處木柵欄，來到寬廣的尾稜轉折點，這兩天的探索正要從這裡開始。

這次要探索的主要是舊太平山時代相對較晚開發的ブナハン和

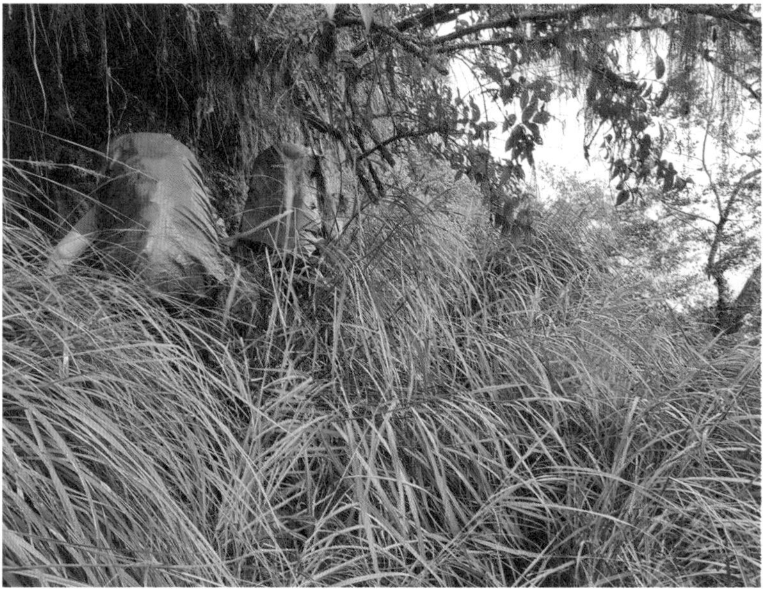

過了0.9K後，見晴鐵道逐漸轉爲原始樣貌，部分路段需要撥開芒草通過

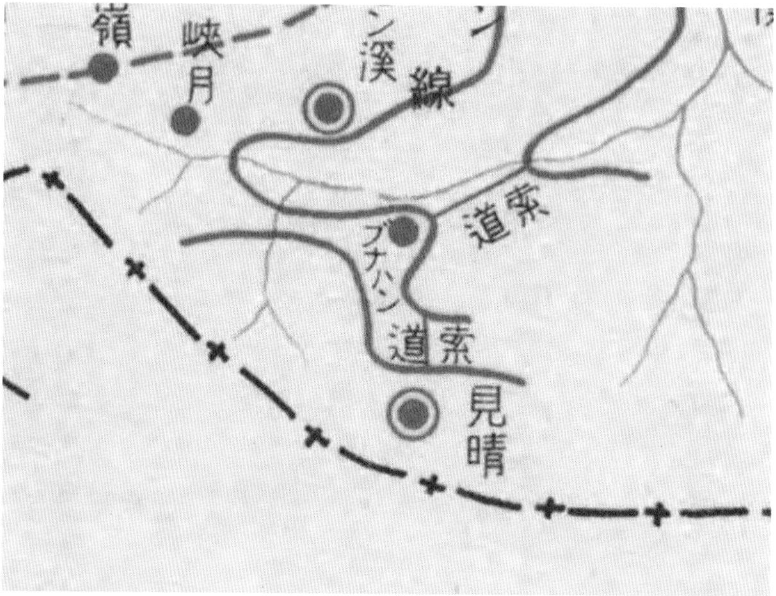

ブナハン及索道，出自《太平山登山の栞》，臺灣總督府營林所，[19--].国立国会図書館デジタルコレクション https://dl.ndl.go.jp/pid/1909859（參照2024-02-07）

見晴區域。這兩個伐木據點，是舊太平山唯二跨越白嶺溪、位於白嶺溪溪流右岸的聚落，也是加羅山線和鴻嶺線除追分索道外，第二個透過索道互相連接的區域。其中，ブナハン位在加羅山線上，有索道通往下方的鴻嶺線末端，附近也有多聞溪鐵線橋連接對岸同屬加羅山線的多聞溪工作站。而從ブナハン繼續順著加羅山線直到末端，則有見晴索道向上通往舊太平最深遠的見晴聚落，並由此水平延伸、修建伐木鐵道。

當年，隨著新太平山不斷開發，原本深遠的舊太平山見晴線鐵道，延伸連接了新太平山的運材系統，並在民國後繼續修繕和擴建，成爲了早上我們一路走來的見晴懷古步道。而其餘未被新太平山時代繼續使用的ブナハン區域及相關設施，則靜靜沉睡在山林之間，等著我們去探索。

關於ブナハン及索道所在何處，日治時期各張導覽圖的相對位置大多一致，但具體位置則多半模糊不清。我們已透過前次的勘查確認了ブナハン索道發送點的聚落，而下方的著點則借助了近年取得的官有林野圖資訊，明確了解著點所在的小支稜，那是一個位在白嶺溪左岸、相當靠近溪底的位置，這次的主要目的就是實地勘查ブナハン著點遺跡，並在回程時順訪ブナハン發送點及見晴聚落。

尋訪索道著點

休息完畢，離開鐵道順著寬稜下切，植被都是柳杉人造林，偶有較雜亂的藤蔓及小樹，以及會吃掉整隻雨鞋的朽木陷阱，但整體而言不太難走，秋天的陽光灑落林間，十分愜意。在經過一條造林小徑後，已經距離溪底不遠，坡度開始變陡，植被轉爲原始，隨著高度快速下降，樹葉間隱隱的溪水聲也愈來愈大。會不會遇到斷頭稜、鐵道是否還存在呢？心裡不免開始有點忐忑。在距離溪底約三十公尺的地方，坡度變得更陡，前頭決定輕裝去探下溪路，不久隨著吆喝聲傳回來兩個好消息：可以下溪，而且有看到右岸的鴻嶺線鐵道。

這一小段鐵道完全和官有林野圖吻合，是鴻嶺線跨越白嶺溪後的末段。渡溪的鐵道已經流失不見痕跡，而右岸的鐵道仍保存約一個人的寬度，沒有完全崩毀。我們在溪底找了個平坦的空地紮營，隨即渡溪尋找索道著點遺跡。

左岸的上切點是一片芒草，暗示這裡曾經有一片人爲擾動。往上切回右岸鐵道高度後，發現了一片長滿短草的大平臺，平臺的其中一端被小溝切穿，而小溝的對側仍是延伸的寬廣青草平地；而平臺的彼端則連接一條開鑿於山壁上的寬大路徑，想來正是鴻嶺線的一部分。

右岸的鴻嶺線鐵道路基

白嶺溪溪谷

最令人興奮的是，在短草平臺的中間，有個傾倒的木架，周邊有稍作駁坎疊砌。我們把木架上的藤蔓略加清除，發現鑲嵌在木架上的鐵環，讓我們確信這正是ブナハン索道著點笠木，俗稱「鳥居架」。仔細觀察，這個木架大約只有一個人左右的高度，上面有許多鐵製的鉤環、鐵線，但沒有發現捲揚機座等其他遺構，附近也意外地沒有任何一支酒瓶，要不是有官有林野圖的佐證，我們恐怕很難猜想這裡原本的功能。當然，也或許有更多遺跡埋藏在附近的長草當中，等著後面的人去探索。

寬闊的鴻嶺線路基，此平臺末端連接索道著點

當晚，吃過晚餐及喝了點酒後，就在昔日伐木丁丁而今日僅剩溪水潺潺聲的夜晚，想著這裡過去的故事慢慢睡去。

驚險上切ブナハン

第二天，拔營啟程後，我們沿著白嶺溪上溯一段，一直到索道發送點下方的尾稜。這裡的尾稜比我們預想的還要陡上許多，經過幾次試探後，在三處較危險的落差及土坡各架一段繩索。其中有隊員在第二段土坡不慎踩空腳點向下滑落，所幸手有牢牢抓住傘帶，後方隊員也迅速在下方給予支撐，才有驚無險地攀上稜線。

過了溪底落差之後，稜線轉爲舒適的坡度與植被，約莫一個小時就接到了索道發送點。比起昨天的索道著點，ブナハン索道發送點的規模明顯大上許多，不但有衆多且多樣化的瓶瓶罐罐，也有數層平臺及駁坎、屋舍地基的遺跡。發送點本身的遺跡已經難以辨認，但通往見晴索道的加羅山線末段仍清晰可辨，只可惜這次因時間不足無法進一步探索。

推測是索道著點的鳥居架，已傾倒在草叢中

相較於二〇一七年初次探訪時的蓁莽，從見晴鐵道經ブナハン發送點往多聞溪聚落或加羅北稜，已經是一條愈來愈多人走的路線，因此從這裡之後開始有路條可以指引，行進速度快上許多。但慢慢成爲一條穩定路線的背後，也能發現比起第一次來，這裡的遺物被明顯擾動過，酒瓶被成堆擺放，瓷碗和鐵器也離開原本位置。我想，遺跡之所以有魅力，一部分來自於遺跡提供一個快照，透過器物、建築或甚至林木在空間中的相對位置與關係，提供一個類似於靜止的時

ブナハン發送點聚落遺留許多過往的生活遺跡

空，讓我們可以窺探和想像過去這裡的故事。當現代的擾動不斷發生，這個遺跡空間的故事含量將愈來愈薄弱，那扇窺探過去的窗最終可能消失。如果辛苦到達這裡的大家，可以減少留下自己的痕跡，或許這個說故事的空間就可以再保存更久一些。

想著這些複雜問題，不知不覺已經爬回見晴鐵道了。往回走的路上，我們在一處轉稜點造訪路邊的見晴聚落。這裡同樣留存許多酒瓶、瓷碗，還有一塊黃色的蹦蹦車頂蓋。至於舊太平山時

見晴聚落的蹦蹦車板

代的見晴聚落，是否和眼前的聚落是同一位置，而見晴索道又是否存有遺跡可循，就留待之後繼續探索了。

結尾

逛了一圈，時間已經是下午四點，秋天的涼意逐漸襲來，回程再次高繞崩壁時，天色漸漸暗了下來，遠方的山巒被夕陽渲染成壯麗的橘紅色，我們戴起頭燈，在太陽下山前的最後幾秒鑽過懷古步道終點的木柵，結束這趟充實又帶有懸念的舊太平山之旅。

夕陽與水氣翻湧的蘭陽溪谷

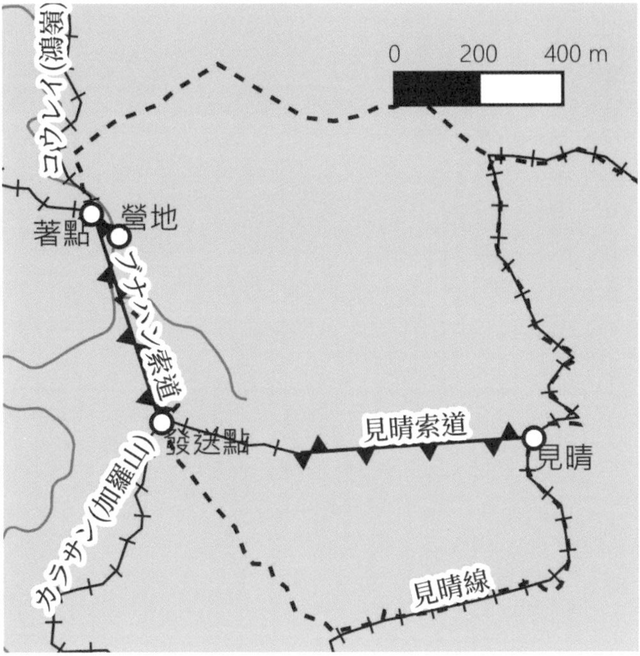
0
200
400 m
コウレイ(鴻嶺)
著點
營地
ブナハン索道
發送點
見晴索道
見晴
カラサン(加羅山)
見晴線

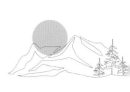

神遊神代

劉書瑜

夢中的神木

二〇二二年暑假尾聲，我預備在新學期開第一支隊卻不知該去哪，向輔領張同學騫翩求救，他傳來一張地圖產生器的截圖，上頭歪歪扭扭畫著的紅線從嘉平林道下切到多望溪底再翻上神代山，經過許多陌生的地名。爲什麼要這樣走？張騫翩只說了些「去回憶中的神木」、「希望第一天下雨第二天晴」之類讓人摸不著頭緒的話。

太平山伐木時代始於一九一五年總督府營林局進入舊太平山。明石生在〈太平山創業當時の話〉記錄當時營林局技師高橋哲郎、黑澤愼介與沼尻銀次郎雇用伐木工人，進山開始砍伐工作的經過：「從十字路開始，我們不顧雨勢，強行進行運材軌道路線的

二〇二〇年又濕又冷的神代鳩之澤隊，合影於十字路山

測量工作和開鑿工作。最終，我們成功地開通了從神代谷到加羅山溪的路線……。」這群先鋒者從舊土場上山，在十字路、神代谷、舊太平山建立駐所，設置滑道、木馬道、管流運材，太平山林業於焉展開；而後第一條木材運輸路線加羅山線落成，自十字路延伸到舊太平山。

神代山大家皆知，但神代谷在哪裡呢？二〇二〇年，李公根據文獻推測神代谷工作站可能位在神代山東南稜，遂組隊調查，騫翮是隊員之一。該隊從頭到尾都下著冷雨，第一天隊員全身濕透地在神代山頂的狹小腹地紮營，第二天輕裝往神代山東南稜下勘，一路到海拔一三五〇公尺高的加羅山線鐵道，皆未找到明顯的腹地或遺物，無功而返。然而，就在這段路上，騫翮遇上了一棵神木——淒風苦雨中驚鴻一瞥的美、撫觸樹身的感動、雨太大而無法掏出相機拍照的遺憾，這經歷他已經念叨了不知多少次，如同那曙鳳蝶之於鹿野忠雄，神代山東南方的某處，有著獨屬於張騫翮的神代谷與桃色之夢。

弔詭的是，同去這隊的其他人對此毫無印象，凱傑說：「是做夢夢到的吧？那裡什麼都沒有。」—李

於登山口排成划龍舟的隊型合影

公則表示：「只記得下勘時凱傑在前面有看到一隻像山羌的白色動物竄過去。」問過幾位當年的隊員，神代山愈加撲朔迷離了。

騫翮推薦這條路線的目的是回訪夢中神木，而我翻著紀錄，查到日向臺與神代谷這些有著好聽名字的地方，對這片山林逐漸起了興趣。不幸的是，後來隊伍被一顆秋颱吹倒，以轉進萬華原岩和辛殿吃喝玩樂收場。這條路線在心底一放就是九個月，直到隔年的端午連假，已通過嚮導考試、開了三支隊的我才終於來到了神代。

重訪神代

上山前夜借宿婕伶在三星的家，舒適的床和沙發加上十六個人的鬧騰，差點就出發不了，還好大家終究是乖乖上了包車。

在茂安橋旁拍了在划龍舟的出發照，接著一路陡上。太平山難得天氣晴朗，竹林中一絲風也無，雖然我們正朝著更高海拔緩慢爬升，太陽也緩慢往上爬，那麼，此刻究竟是比前一刻更熱、還是更不熱呢？一邊揮汗，腦中一邊數次閃過這個疑惑。過了神代山西北峰，路好走了些，耍廢班底的潛質也漸漸浮現，八點半開始吃午餐、打瓶蓋棒球，砍路線的提案在接上嘉平林道時亦已成形：要不明天輕裝下勘就好，別去夢中神木了？班底們或坐或臥在寬大平坦的林道上，紛紛同意。或許相較於去到哪裡、完成預定行程，爬山為的更是純粹享受在山上的時光，在山下準備隊伍的邏輯是把幾個想去的點連成一條路線，但上山後，地圖上點位之外的每一處也留下一步步的記憶，此刻在曾運過無數檜木的路線上、滿山林蔭下，一棵神木雖為「初衷」，也不見得是必往之處了。

砍了路線，行程變得十分悠哉，彷彿轉型國小校外教學，我們手拉手圈住神代神木、在神代池畔晃動的苔蘚地上跳來跳去，數次因林道上的生機——躍過的山羌、滾著球的糞金龜，或滿耳的蟬噪與鳥鳴——而駐足。路上偶爾可見平行的圓木露出地面，是曾經運材的林道路基，百年前日本人鋪木馬道，數十年後民國政府開闢嘉平林道，如今登山客藉這山徑前往嘉蘭給給、神代山、加羅山神社等處，不同時期的路交疊在一起，低訴著人群的來去，產業的興衰。

約莫下午兩點，我們挑一處近水源的平地紮營。晚上我們圍在一起，迎接靜遠與明智入群，天蠍群歌一如既往，幾個人唱就有幾種旋律，交織著笑聲。

日向臺

隔天一早，我們朝東北東下切，連續撞到數層沿東南—西北方向延伸的平臺，不知通往何處。上山前看著林業軌道路線圖，天真地以爲下到日向臺才會碰上平臺，但這裡既然曾是個聚落，想必如任何一個人群聚居的地方，布滿路徑才是正常的吧？一段段地圖上未標示、我們只能在紀錄寫上「疑似廢

日向臺聚落遺留的建物地基及鐵路旁的駁坎

棄林道或鐵道」的路，或許都曾有名字。

抵達日向臺了。社團上一次來到這個伐木聚落是二〇一五年的事了，當時從加羅山神社往南下切土場溪再上切，找到散落著各式遺物的兩層平臺；這次我們從西邊來，逐步下探，算一算至少有四層平臺。最有意思的莫過於第三層，圍繞著人字砌的駁坎牆，地上半埋著方形遺構，一側還有階梯，一個大鐵盆斜靠牆邊，大家爭論著它是煮飯用還是泡澡用，學員笑著說：「這裡眞的能住下來欸。」即使荒廢數十年，生活氣息仍未完全消散，而今，落葉與藤蔓如被毯，樹梢的松蘿如垂簾，聚落遺跡安然沉睡於森林之中。

征矢野鶴吉之墓

我們沿第四層的十字路線路基往北腰繞，找尋日向臺索道發送點，想不到出發不到十分鐘便遇上崩塌，於是展開高繞。溼滑的高繞，加上與朝著各種方向生長的小樹糾纏，寸步難行。忽然聽見前方子涵喊道有個平臺，心忖終於抵達索道頭了嗎？上到平臺，地上果然散落許多酒瓶、瓷碗盤杯，中間站著一棵樹和一顆覆滿苔蘚的石頭，靠邊坡側半埋著十字木構，靠山壁側有一道駁坎矮牆。定位確認此處不是索道頭的點位，邊翻看遺物邊討論我們在什麼地方。這時不知誰說了句：「中間那顆石頭好像有個底座？」大家驚訝地圍過去，剝下石頭上的植被，赫然發現石頭正面刻著草書漢字，李公瞇眼辨認：「故……之墓」，背面兩側的行楷則較易破解：「大正十二年十月一日死去」、「享壽五十二才」，原來是一塊墓碑。

之前可不曾見過任何太平山有石碑的紀錄，李公笑得心滿意足，其他人也非常興奮。墓主是誰？有立碑應該是重要人物吧？誰幫他立碑的？爲什麼立在這裡？……被拋出的一個個問題，懸在空中無人能答。大正十二年是一九二三年，距今正好一百年，莫非冥冥中有什麼緣分，使我們與這墓碑相遇？「該不會等等爬上去就發現我們穿越時空了吧？」小杰說。「然後遇到伐木工人？」「就可以搭火車下山吧。」眾人紛紛以讀過的資料與這兩天行經的地景爲腳本，你一言我一語地構築起太平山百年前的光景。

臨行前，我們懷著敬意，向墓碑靜默致意。下山後，經比對推測出草書字跡爲「故征矢野鶴吉之墓」，「征矢」與「征矢野」都是少見的日本姓氏，主要分布於長野縣，

而長野縣的木曾地區林業興盛，姓氏背後與太平山林業若有似無的連結，但李公搜遍《臺灣日日新報》、《臺北州報》、《建功神社誌》、《總督府職員錄》，都找不到「征矢野鶴吉」這個名字，謎團留待後人解。

翻過幾個小稜小溝，下到日向臺索道頭附近的廢林道，冠郡往前探路，一抬頭赫然看見山壁上小小的石砌平臺突出，支撐的木柱仍屹立。日向臺索道落差約兩百六十公尺，連接起加羅山線與鴻嶺線，原本至少要花上十二小時、由水牛拖運空臺車的作業，縮短爲兩小時內卽可完成，大大省下成本，可謂運輸技術的一大變革。索道的著點在大留，今日已來不及前去，我們爬上發送點平臺，朝東方俯瞰，遙想當年堅實的鋼纜穿過眼前的樹林，往下延伸到多望溪另一頭，臺車滿載木材下山卸貨，再順著這鋼纜爬回，日復一日。

回抵營地甚至還不到兩點，大家各自消磨午後時光，我小寐一會。每次在山上醒轉都要花個兩三秒意識到自己在哪，這回介於睡與醒的淺眠之中，橋牌區的陣陣笑語、各種動物鳴聲與植物摩挲窸窣混雜的背景音、泥土的涼意與濕潤的氣味，時時騷動著感官，讓身體如生物適應環境的過程，逐漸習於沉入山中。

征矢野鶴吉之墓。

神代谷

神代谷駐在所於一九一六年設立、一九二二年撤廢，這個「神代谷」究竟在哪呢？行程最後一日，我們翻過神代山，來到登山前輩標記「神代谷工作站」的地方，除了散落日治與民國時期形制的瓷碗、玻璃瓶，僅有谷地邊緣一個像灶的方形遺構，不太像我們所認知的駐在所或工作站，亦不見軌道遺跡。舊太平山、日向臺都在神代山的東側山腰，此處卻是稜線西側，加羅山線軌

灑進谷地的陽光使人影過曝，但似更能襯托神代谷那宛如能直上神靈時代的美名

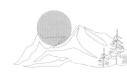

道是怎麼翻過稜線連接這幾個據點的？抑或，「神代谷」不只一處？

一九二六年，鹿野忠雄來到舊太平山採樣，在神代谷遇見臺灣特有種曙鳳蝶，他對這段邂逅添上一筆：「當牠從綠林中以『桃色之夢』的身影飛出時，那真是臺灣昆蟲景觀中絕對不能錯過的一幕。」儘管無緣得見曙鳳蝶，初遇這片谷地的我們似乎依然能同感鹿野的讚嘆，林蔭下神代谷的主色調是深沉的綠，葉縫落下的些許陽光如金似水，爲濃綠綴上光斑，既彷彿宮崎駿《魔法公主》的守護神之森——如果轉身看見一隻木靈站在樹根上，大概也沒什麼違和感——又像是《風之谷》中的腐海地底，一片會呼吸的森林、涵納一切包含人類技術物的森林。

樫木平

繼續循神代山北稜而下，右側已看得見鳩之澤的裊裊白煙。過十字路山後東轉，意外跟到一條路況不錯的廢林道，既然方向大抵不差，那就姑且探路吧。沿著稜線北側腰繞一段後，隨著林道緩緩往下，離主路線所在的稜頂越來越遠，大家的腳步也猶豫了起來，直到看見前方林道有些崩塌，便放棄這條路，上切十分鐘後，一道駁坎矮牆出現在我們面前。

人們常以爲文明的發展是一個直線向前的過程，當代一定比過去更加「進步」，然而，從樫木平往十字路、神代谷、日向臺、舊太平山這幾個站點之間，曾經都有軌道列車服務，車程不到兩小時，同一段路如今我們卻得花上大半天才氣喘吁吁地抵達。瞪大眼睛看著這一大片聚落遺跡，片刻後所謂的線性史觀就連同大背包一起被我們拋在地上了。

樫木平，舊稱三合，是將加羅山線、鴻嶺線送來的木材轉運下山的要衝，從舊土場到樫木平這段路，可以沿其北側的坡道徒步上山，一九二九年之後也能搭索道纜車；走山路約一小時，搭乘索道則用不到十分鐘。樫木平索道高差三百九十四公尺，長度約九百九十公尺，傾角爲六十四點五度，每天運輸能力達一百立方公尺，是太平山第一條索道，也是目前所知臺灣的第一條「堀田式索道」。日本生態學者大島正滿曾在堀田先生的帶領下，搭乘這條索道上樫木平：

「我同時看著客車、雲霧繚繞的山巔和堀田先生的臉，神情有些不安地問道：『你

樫木平索道今昔對比，下方河床上的就是舊土場聚落。出處：宜蘭縣史館提供

們就是被這樣運到那邊的嗎？』堀田笑嘻嘻地看著我和其他人：『沒問題的，我保證你們的安全。自從啟用以來，它從未故障過。』我下定決心代替檜木通過山谷，帶頭踏上了客車。大家從窗口伸出手揮手，門嘎吱嘎吱地關上。就在發車的信號響起的同時，車底脫離地面，我們立刻進入了空中。即使是坐電梯也會感到不太舒服，而這個空中纜索卻能夠在八分鐘內拉升到四百公尺高度。當我們被投放在山頂的樫木平上，踉踉蹌蹌地踏著腳步、耳朵嗡嗡作響，每個人的臉上都帶著驚恐的表情。」

李公在爲落葉深埋的平臺上比畫樫木平索道發送點基座以及支撐整個索道重量的水泥結構，而在此，從樹與樹之間可以俯瞰土場溪，當年大島正滿就是在這裡下車的呢。李公曾與羅東林管處的人員試著從舊土場走當年的坡道上山，路徑帶來的身體感或許與九十年前宮地硬介在《太平山踏破》中所描述的較爲相似：「這座高一千三百尺的陡坡很難爬，尤其是遞送夫還背負著好幾斤的貨物，看起來很辛苦。我已經喘得像在山裡奔跑的獵犬了，再看到那能夠輕鬆上下坡的纜車只需要四五分鐘就能登頂，更讓人感到有點生氣。」兩種交通方式的差異，不僅在於耗費體力與時間感的方面，身處密林中以及從上鳥瞰森林，視野想必也十分不同。

大家四處探險，一發現新東西就互相呼喊，軌道枕木、臺車維修站、比日向臺更豪華的階梯、疑似房屋地基的一層層的駁坎……。苔蘚與蕨類包覆著每一處，一些人曾在此地經歷生老病死，而對於擁有數億年歷史的植物而言，一座林場從興盛到傾頹，不過是眨眼之間。

樫木平索道發送點基座，當年不知送走多少樹木與家庭的悲歡離合？

太平山的魅力大抵來自於背後的林業史，除了「發現新東西」的新奇感之外，行走在歷史匯聚而成的當代山路上的我們，與腳下的土地、與過去生活在這片土地上的人之間，有著什麼樣的連結？在自然史家與當代的登山者眼中，森林美麗如夢境、如神話時代，同時一地的遺物又反映生活日常，時時提醒我們，看似杳無人跡的山林，是另一群人累積了許多許多故事的家園。

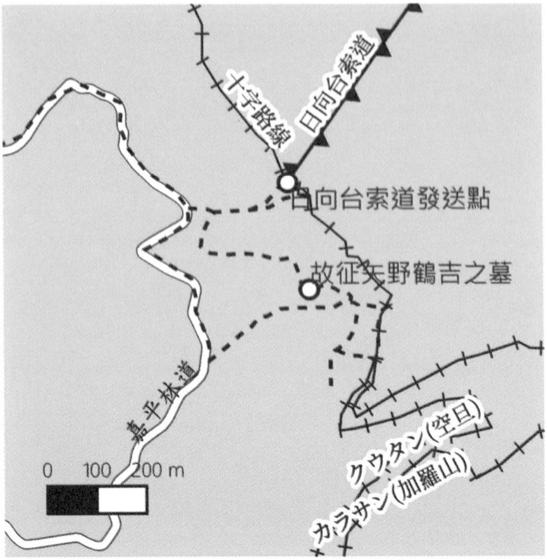
十字路線
日向台索道
日向台索道發送點
故征矢野鶴吉之墓
嘉平林道
クウタン(空日)
カラサン(加羅山)
0 100 200 m

日向大留

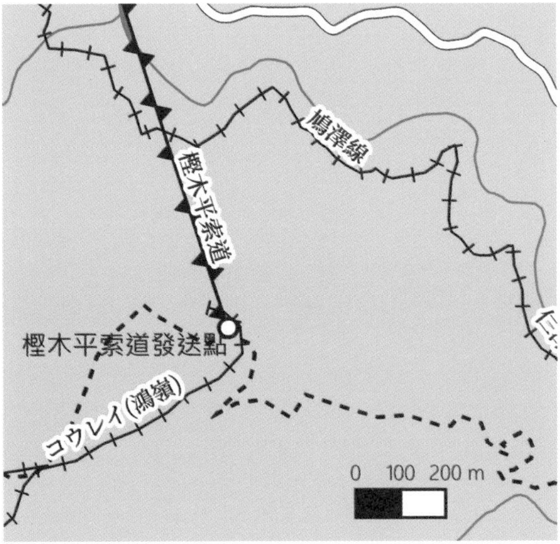
鳩澤線
樫木平索道
樫木平索道發送點
コウレイ(鴻嶺)
0 100 200 m

日向神代

上平蘭臺

李逸涵

羅東車站的棒球之夜

我們這些非原生於山區的居民有著與木材不同的流向。每每要出發前往太平山，多半得在羅東車站和羅東轉運站之間抉擇，看哪個角落比較適合想省錢的大學生席地而睡，而這樣的睡眠品質自然是不怎麼樣，輾轉了一宿大家都可以說出有幾班火車進站，或是昨晚打了幾隻蚊子，少數能好好睡覺的時機就是在包車上，若沒有暈車的困擾的話。我們常常酣睡如木材，沿著與森林鐵路平行的臺七丙一路向西，到天送埤後由泰雅大橋接臺七線，繼續沿著蘭陽溪逆流而上。我往往是因爲暈車嚴重而只能坐在副駕的倒楣鬼，常常在恍惚中一邊壓抑著暈車的不適一邊數著公路的里程牌，於是沿途的三星、松羅、英士、北橫公路岔路口、土場我都如數家珍，雖然我更希望自己是在睡夢中經過它們而毫無印象。

二〇二三年三月，我們照常來到羅東火車站，當晚是世界棒球經典賽A組預賽，前一場敗給巴拿馬的臺灣這場有著不能輸的壓力，若再落敗即無緣晉級，但此役對手是有多位小聯盟3A好手助力的義大利。從客運下車時，幾個有在看棒球的隊員熱切討論著前面五局的戰況，雖說有來有往，但五局結束時還落後兩分。於是，我們在前站便利商店旁的空地安好營位後，一群人便開始圍著手機的小螢幕，與洲際球場18799名觀眾一起盯著戰況變化。六局下半，張育成擊出追平比數的兩分全壘打，彷彿可以聽到羅東車站各處都傳來歡呼的聲音；而臺灣隊的氣勢就這麼打出來了，接下來的兩局皆有得分，使得分差逐漸擴大，最後拿下這重要的一勝，意猶未盡的我們則熱切地討論著紮營在田古爾溪的明晚是否還有訊號可以追臺荷之戰。

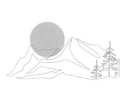

顯然我們心心念念的手機訊號不成問題。山行從中華電信的太平山機房開始，而此地離白糸索道的發送點「上平」並不遠，電信訊號幾可無阻礙地投射到我們沿稜而下的路線各處。離開太平山公路，愈往邊坡下切，拾得的垃圾也如考古層位般愈顯古舊，從

過保存期限沒多久的麵包包裝袋一路撿到倒塌的電線杆，同時也標示著我們離鐵路並不遠了。

上平

在一處出現芒草的邊坡，傾頹的鐵道橋赫然現身，此處卽是當年連接上平到太平山之間的「太平山線」。我們卸下背包往南方探去，鑽過幾叢芒草後，前面卽是一長段的懸空鐵道橋，脫離橋墩的鐵軌兀自往太平山方向持續延伸，而我們可沒有走鋼索的本領與興致。回頭續往上平方向，隊員們沿著鐵路發現

睡不著的夜晚看個棒球也很正常吧

各形各色的遺留器物，要我這個來過十數趟太平山的學長指認這些鏽跡斑斑的金屬零件是哪個伐木巨獸留下的器官組織。不過，除開少數標誌性的用具，其他大部分對我來說就只能發揮想像力，若非知道這邊曾經有鐵路經過，不然也就只是沒有特別意義的破銅爛鐵而已。而事實上，太平山林場確實曾經被收購廢五金的業者盯上。民國四十七年，陳欣奇盯上日治時期遺留在新、舊太平山的物資，遂與林產管理局訂定契約，回收處理太平山林區的廢棄五金；不過後來陳食髓知味，甚至暗地裡向林場工人收購，導致工人「爲欲尋找廢棄器材、變賣圖利，影響正常作業」，林產管理局遂一狀告上警備司令部。不過由於陳事先向警備司令部申請登記在案，在警察監管下回收工作仍得以順利進行。這些物資後來於同年十月底於羅東火車站前標售，共有鐵軌、臺車輪軸、鋼索、集材機零件等計五十噸。或許這可以解釋爲什麼在太平山探訪各遺跡時，相較於遍地玻璃瓷器的斑爛，較少看到金屬製品了。

我們沿著鐵路來到稜線北側的寬大平臺，鐵路終止於平臺西北緣，而上平索道的發送點木架孤零零地矗立於稀疏的芒草之中，停用四十餘年過後原本高聳壯觀的索道發送點木架僅剩半邊門框，但還好草木稀疏、天氣晴朗，還望得見索道原本對接的白糸，遂要爬山資淺的靜遠以及幾個新生練習看地圖，試著在重重稜脈中指出白糸的所在位置，看著一群人對著稜線水系眉頭深鎖，彷彿當年自己在學讀圖定位的樣子。白糸位在我們下方、北北西的緩坡上，與我們所在的上平高低差四百二十四公尺，而白糸的名字由來可能是索道橫越的田古爾溪支流，由於山高水急，形成處處如絲線般的瀑布，雖說聽著極富詩意，不過據之前查日本地名資料的結果，白糸在日本本土是個很「芭樂」的地名。

田古爾溪與白糸的記憶

我們離開上平，不久後卽在稜線上望見底下開闊的田古爾溪溪床。若是回到四十幾年前，那麼我們的行程將跨越兩條索道、三條鐵路線。上平索道兩端分別爲上平、白糸，而白糸鐵路線會往白嶺的方向延伸、銜接白嶺索道發送點，白嶺索道再往下銜接蘭臺線；我們此行的目的卽在調查上平、蘭臺兩地的索道遺跡。二〇一八年五月，我也曾經爲了尋找蘭臺線上的隧道而來到此地，一行人行走於沙漠般的田古爾溪溪床之上，伸

上平索道發送點。大家用手比出索道發送點的樣子

手可及的溪水因爲上游破碎的岩質而顯得粉濁，僅有幾處山澗尚稱清澈解渴。在那次行程中，我們僅探得一小段蘭臺線鐵路，而出發前預想的隧道位置爲一大片崩塌地，我的第一顆頭燈也不小心遺忘在崩塌地附近的平臺上。雖說沒能找到隧道，但我們頂著芒草、溯著地熱井汩汩湧出的溫泉水，成功造訪田古爾溪溪畔廢棄的土場地熱發電廠，而那天夜裡在蚊蚋飛舞的營地還意外發現，在紅色頭燈照射下，「心臟病」的刺激程度可以更上層樓。

我們持續下切，稜線在靠近田古爾溪支流處有些破碎，但也讓我們得以望

五年前意外找到的土場地熱發電廠

見如白色絲線的連續小瀑。相較之下，一九三九年十二月來到太平山遊覽的HT生就沒那麼幸運了。HT生等四人於十二月二十二日自羅東出發，搭乘森林鐵路來到土場，當晚寄宿鳩之澤俱樂部，隔日一早在索道、鐵道的不斷換乘下抵達白嶺，在白嶺的小屋用過午餐後，再搭乘蹦蹦車抵達白糸搭乘上平索道：

這條索道的長度比前兩者稍短，但最大傾角達二十七度、是最陡峭的。我們沒有等待太久，就直接上了索道。在霧中，我們錯過了中途的勝景白糸瀑布，真是遺憾。我們從索道下來，再次搭上蹦蹦車。海拔一千九百米的寒氣直逼肌膚，使

M君頻頻搓手並合上大衣的領子，而我因為借來的圍巾和背心，感受不到太大的寒意。

HT生一行人於十二月二十五日循原路下山，不過由於霧氣籠罩，回程路上依然沒有看到白糸瀑布，而我們則是一路晴朗。隨著高度持續下降，林相由人工林逐漸轉爲低海拔的蓁莽。幾個被指派探路的學弟妹爲藤蔓、荊棘纏得東倒西歪，看天色不早，我遂掄起草刀往前砍去，不一會兒就到溪底，但田古爾溪主流卻呈現一片乾漠，我們一邊找尋水源一邊找尋適合的營地，還好，後來在營地下游處的沖積扇上順利找到小水流。雖說來過兩次的田古爾溪都是如廣袤的荒漠，但我不禁想到任職於營林所、時常到山區調查林木的吉井隆成差點在田古爾溪折戟的故事。

大正十一年四月，吉井隆成與警察和幾名挑夫到三星山附近調查，到了傍晚要紮營時一名原住民挑夫失蹤了，一行人在原地等到隔天中午，原住民挑夫依然沒有現身。因此，吉井隆成決定下山到土場的警察駐在所報告此事。一行人下切田古爾溪並沿溪床前進，此時一場驟雨來襲，迅速暴漲至腰部高度的河流擋住了去路，於是吉井隆成帶頭上切稜線，抵達海拔一千五百公尺附近的陡坡上時已是晚上。在無法生火的情況下，三個人就這麼背靠著背發抖取暖。待到雨勢停歇、月光灑落下來，吉井隆成決定盡快推進以

白糸の瀧。出處：宜蘭縣史館提供

免失溫，一行人就這麼在月光下下切九百多公尺，並在凌晨四點抵達溪邊，看到水位下降的三人遂手牽著手渡溪，在早上五點終於抵達了土場，並在豆腐店買了塊豆腐充飢，結束這驚險的旅程。

我們的田古爾溪夜宿自然是沒有吉井隆成的經歷那般驚險，但在取水的途中意外撞見在我們下游幾百公尺的地方停有吉普車，不久還傳來陣陣電鋸聲。山老鼠對我們來說一直是個神祕又危險的存在，大多時候我們僅能發現山老鼠切割過的樹頭，再接近一點的可能就是山老鼠營地留下的生活垃圾，倒還沒正面遇上。關於他們擁槍自重的傳聞繪聲繪影，所以爬山時偶而會心裡演練一下，

在田古爾溪高歌的夜晚

若真的遇到這些在電鋸上舔血的亡命之徒該怎麼辦。不過，待我們再次往下游查看時，開著吉普車的那幫人已經消失，那些人是山老鼠或只是來祕境露營的車友倒也無所謂了。用過晚餐後，我們沒有忘記繼續用手機追臺荷大戰，二局下半張育成擊出滿貫砲後，臺灣隊就一路帶著領先直到比賽結束，熱切的氣氛環繞在營地周圍，我們就這麼唱著山歌直到深夜，以遠處低唱的潺潺流水伴著入眠。

白嶺索道著點

翌日一早，露宿在溪床的我五點多就被露水冷醒，而稍後帶隊的靜遠開始扯著嗓子要幾個賴床的班底們起床收拾。見資淺的靜遠鎮不住作亂的班底，我遂把外帳的帳腳給拆了，掀翻外帳時抖落的露水最能消解睡意，讓還躲在帳下的眾人連連尖叫。拔營後，我們往蘭臺苗圃的方向上切，在不算差的林相下，很快地便遇到蘭臺線的殘軌。按照計畫，我們在此卸下重裝，魚貫地沿著鐵路往白嶺索道著點前進。不過，往前不久後，鐵路路基即在一處邊坡流失，彎折的鐵軌就這麼往邊坡下方延伸，走在前方的學弟妹亦回報說前方已被如海的黃藤所淹沒。於是，我們放棄沿鐵路走到著點的計畫，直接上切到太平山公路，在蘭臺苗圃卸下重裝後，開始沿著太平山公路尋找合適的下切點。在一處公路的彎道處，我遠遠地望見前方的樹林中有指路的路條，標示著此處已有人造訪，我們沿著前人開出的路線一路飛奔，十多分鐘的功夫就到了白嶺索道著點。爲了承受索道主索的強大張力，在著點木架的後方通常都有混凝土建成的坑洞，並在其中放上粗大的捲胴，宛如一具巨大的木楔將鋼纜牢牢地攫在地下。不過，當年負責爲木材送行的木桁架凋零到僅剩下長了蕨類的獨木，作爲索道主副索的鋼纜被卸下，捲胴亦成了苔蘚的食糧。我往白嶺的位置看了看，試著找出當年HT生搭乘白嶺索道時所描繪的情景：

「有些恐怖但必須忍耐。」我在中平（按、今日「中間」，設有遊客中心）寫下這句話後，乘坐由汽油機車頭牽引的臺車到達白嶺索道的著點。這一帶是闊葉林，但因為霧太大使得視野不好，令人遺憾。白嶺索道全長一千一百米，傾斜度二十五度，高低差四百六十五米，工程費用兩萬七千九百四十六圓，是三條索道中最長的一條。大約在早上十一點半，我們搭上了白嶺索道。由於這是第二次了，完全沒有任何不安全感。在濃霧中什麼也看不到，只聽到滑車的聲音。一切都籠罩在五里霧中。三分鐘後我們安全抵

白嶺索道著點

達，而我們已經上升了四百六十五米。

八十多年過去，即便太平山的遊人依舊，但人聲鼎沸的索道站再也無人問津。

不變的大概只有闊葉樹的綠意，而這或許也是我們一再走入太平山的原因，在山林的面前，人類改變地貌的能力或許可以在年的尺度刻劃出痕跡，但將時間軸繼續拉長，最終都會變成不起眼的一抹苔痕，只不過我們有幸在它傾頹於山林霧雨之前，以一個旁觀者的角度走進、記錄，從殘存的水色酒瓶體會當年對著爐火閒話的瓷杯，而我們自己又何嘗不是如此地、在往後再度成爲別人登山紀錄的其中一層堆疊。

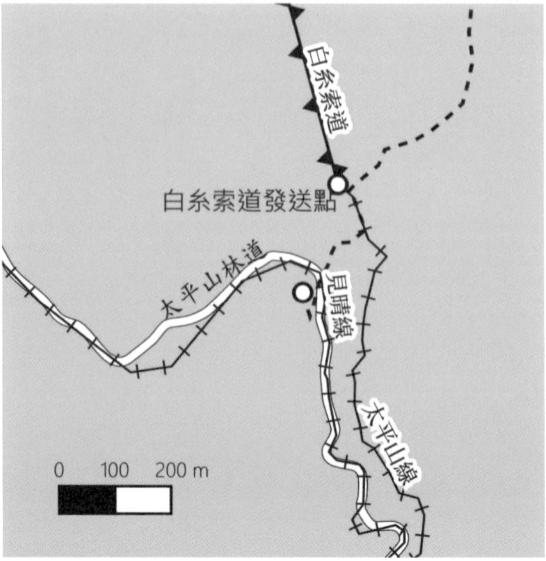
白糸索道
白糸索道發送點
太平山林道
見晴線
太平山線
0 100 200 m

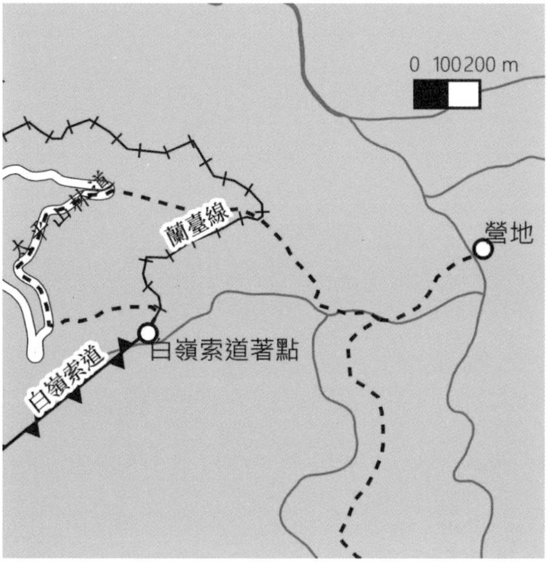
0 100200 m
太平山林道
蘭臺線
營地
白嶺索道著點
白嶺索道

莫很溪畔的鐵路

林宏祐

前言

莫很溪，發源於海拔兩千多公尺的加羅湖，爲宜蘭與花蓮交界的和平北溪的支流。從出海口的澳花部落上溯，沿途經莫很溫泉、茂興線的三疊瀑布後，來到溪流的上游處。此處，是這條溪流與太平山伐木史的交會，也是這趟旅程中的核心區。

新太平山的茂興線

莫很溪兩側的鐵道，北側爲日治末期爲移轉至新伐木據點所闢建的茂興線，南側爲戰後初期因應伐木的需求擴大而新闢的獨立山線與南峰北／南線，兩岸則由跨越莫很溪的獨立山索道所連結。西元一九三〇年代中期，有鑑於加羅湖、神代山一帶的森林資源開始減少，日本人開始轉移伐木的重心，至舊太平山東側的新太平山地區。建於西元一九三七年的茂興線，其主要車站萬石（今茂興）曾是日本人考慮過作爲新太平山據點的候補地，但經過審慎評估後，決定以今日的太平山莊一帶爲主。背後的考量應爲距離與便利性：萬石離分歧點較遠，將來發展另一條支線三星線時，在連結上會有所不便。儘管如此，茂興線仍是日治末期與戰後初期相當重要的木材供給地，特別是在太平洋戰爭期間，爲了保障林業資源的供應，時任太平山派出所主任的河野初五郎，取消現場工人休假，延長作業時間，並著手延長生產線，延長茂興線至十二點五公里，以擴大生產範圍。自國民黨來臺並改組林業部門後，直至太平山林場歇業以前，茂興線與通往大元山林場的三星線一直是主要的伐木區。

茂興線有四個據點，除了萬石，還有曙、壽與吉野等，鐵路則一直延伸到給里洛山東側，總距離長達約十七點七公里。這四處的地名透露著當時林業人員對地方的理解與想像：「萬石」指該處每一公頃的木材蓄積量高達一萬石之多，單位面積的木材蓄積量極其豐富；「曙」則是經過徵選而來，反映了該車站在旭日東昇時所見的繽紛天光；「壽」也是經徵選而來，由於該地坐落於蜿蜒的山稜之間，林相柔美，附近可耳聞潺潺流水，如桃源般的人間仙境，彷彿居其中能得長壽；「吉野」顯露著其中的日本風情，由於吉野設有警察分駐所，派駐於此的警察種植吉野櫻以慰藉日久而生的思鄉之情。隨著戰後伐木範圍的擴大，國民政府將日治時期以吉野爲終點的茂興線繼續向西延伸，沿等高線盤桓至中央山脈山麓。

文獻中的茂興線與獨立山

坐落於多門山與比亞豪之間的林業鐵路，儘管路線密度並不低，但相關的圖資與文字資料卻相當稀少，僅有零星的地圖標示著茂興線上的據點，以及獨立山線與南峰線交會處的獨立山，但缺乏詳細的等高線等基本地圖資訊，僅有林班圖與工程地圖可看出些許端倪。即使在太平山林區開始轉型成今日的森林遊樂區，並將茂興線設定爲蹦蹦車鐵道，載運著遊客進入茂興站附近的三疊瀑布等景點，但茂興站以後長達十多公里的鐵道，在轉型的過程中被忽略了。在文字資料部分，日治時期與戰後的茂興線尚有伐木工的回憶錄可供參照，而獨立山線與南峰線則幾乎不見任何文字紀錄，鐵軌的蹤跡僅散見於今日探訪佐宇漢、比亞豪等地的遊記，唯無「南峰線」、「獨立山線」的明確記載。

盛夏時節的莫很溪

農曆五月，在季節上屬於盛夏，不過由於太平山位處海拔約2000公尺的霧林帶，因此當早晨七點離開包車時，身子仍會因環境的寒意而不禁哆嗦。

八時，蹦蹦車準時地離開太平山莊，前往三公里外的茂興車站。蹦蹦車鐵道的前身即爲茂興線，不過火車已並非伐木時期所用的車身。隨著火車緩緩地駛進溪溝、繞過山稜，漸漸地，已不聞森林遊樂區的喧鬧。約莫一刻鐘，火車停靠在歷經整修的茂興站。多數的遊客把握時間走訪懷舊步道或朝著曙車站前進，而我們則悄悄地翻過步道的圍欄，向莫很溪下切緩稜。

前往莫很溪的路上，偶然可見被遺棄的瓶瓶罐罐，細看則觀察到多數是近二十年的，意即這些容器是遊客所扔棄的。儘管對大部分著迷於歷史遺跡與古早「垃圾」的人來說，這些東西沒有價值，甚至就是破壞環境的元兇，但換個角度想，這些瓶罐或許也訴說著某種今日茂興相對看不見的故事：茂興線毀壞以前的觀光盛況。

由於隊友們行走山林的經驗豐富，不一會兒便來到波光粼粼的莫很溪。由於端午早晨的天氣相當晴朗，加上前一兩週的宜蘭山區並沒有太大的雨勢，因此幸運地不需掏出傘帶，每個人各自努力地找出方法越溪。溪的對岸爲茂密的植被所覆，蕨類與藤蔓繁多，上切稜線時深感不適。地圖上的獨立山側，等高線普遍相對密集，實際上也確實可以感受到山坡的陡峭。約一小時後，原來陡峭的山坡頓時出現一階平坦地，往左往右看皆可看到鐵軌。南峰北線到了。雖然沒有遊記提及過這條鐵路，但它確確實實地存在在數十年前的工程地圖上，而根據手邊收集到的圖資並對照過等高線後，我們接下來所行走的鐵路即是南峰北線。南峰北線的保存狀況並不差，與大多數的林業鐵路相同，過溪溝處往往只見鐵軌，不見枕木，而其他時候只要不存在崩塌的情形，便能沿著露出地表的鐵軌朝目的地前進。

南峰線與獨立山線

南峰北線的起點位於獨立山，與南峰南線、獨立山線以及通往獨立山索道的鐵路交會。在經建版的地圖上，「獨立山」所在處為平緩寬大的鞍部，且擁有房舍的遺跡。在一九七四年的《臺灣山坡地土地利用現況圖》，甚至還寫著「獨立山森林鐵路」的字樣。不過，到現場後，卻不見任何屋舍的痕跡，連一塊房舍木板也找不到。視線可見的，是砍伐過後而沒有妥善管理的次級林相。房屋的蹤影消失了，但不同支線交會的鐵軌與轉轍器仍原封不動地留在原地，彷彿是獨立山一帶林業開發、人員撤離與植物生長繁茂的見證者。

離開獨立山鞍部後，我們沿著林道向西前行。在經建版地圖上，這條林道被命名為「嘉平林道」，不過與大部分登山客熟悉的嘉平林道稍有不同。嘉平林道躍上登山客的計畫書，通常與加羅山神社、四神湯等路線有關；進階一點的行程，則會是給里洛山、南湖北稜等路線的必經之路。然，對南澳的原住民，特別是碧侯部落的居民來說，嘉平林道則是他們的返鄉路。為了回到和平北溪一帶最深處的聚落比亞豪，由於過去的南澳四季警備道的路況不佳，碧侯部落的原住民們不惜繞一大圈，從大同鄉入山，利用嘉平

南峰北線

昔日警備道上的佐宇漢駐在所

林道經佐宇漢、比野巴宅、次考干溪等地，才能回到他們的祖居地。在這條路上，沿途所見的林業遺跡、駐在所遺址等，與他們在日治時期的集團移住政策、戰後的部落迫遷政策的經歷息息相關。對我們來說，路況稍佳的嘉平林道讓我們得以快速地移動到佐宇漢、加羅湖一帶，但對原住民而言，這條向東延伸的林業路，或許懷有相當複雜的情感吧。

若仔細檢視西元一九七四年出版的《臺灣山坡地土地利用現況圖》，可以發現圖上並未出現嘉平林道，不過倒是有「舊太平山支線」與「舊太平山林道」等以虛線表示的綠色線條，其路線與今日的嘉平林道北段相似；而在舊太平山支線的東側，則有實線標記的細線，其爲「獨立山森林鐵路」。事實上，這三條合在一起，便是我們所稱的「嘉平林道」。換言之，曾經存在於林班圖的獨立山線，今日已幾乎不見其蹤影，多數的路段早已被開發爲嘉平林道，供當時的卡車載運木材。據西元一九七七年自嘉羅山工作站調派至太平山工作站的林業耆老林清池先生所述，早期獨立山的木材藉著索道運至茂興線，再透過鐵路運輸出去，但有些木材商認爲運輸時間過長，遂自四季開闢林道，翻越給里洛山南稜後抵達獨立山一帶。鐵軌的消失與林道的開闢，說明著臺灣林業時期基礎設施的轉變。從日治時期至西元一九六〇年代，鐵道與索道是林業不可或缺的運輸系統，然因維修成本過高，當西元一九六〇年大雪山林道開闢完成後，鐵道便注定成爲伐木時代的其中一個註腳。而到了今日，許多五、六十年前開闢的林道，大部分也湮沒於山林中。若非透過光達遙測技術，或實際走在其上的身體感，許多當年爲了臺灣經濟發展而闢建的道路，也不會被世人所留意。

南峰線、獨立山線與嘉平林道，成爲登山客之間口耳相傳的路徑。它們實際的起迄點在哪、哪裡可以取得它們完整的路線資訊、這些建設上是否有相關的紀錄留存，相較於「是否能夠藉由這些路線更快地到達他處」這類更「實際」的問題，上述的疑惑大概只會成爲零星的道路迷或鐵道迷追尋答案的謎題。

莫很溪畔的歷史遺跡

過了佐宇漢山登山口不久後，沿著溪溝來到北側的越稜處。此時，日治時期比亞豪警備道的路基與幾個破碎的瓶罐現身了。隨後，完整的浮築橋靜靜地躺在眼前，片刻間成為隊友們相機的焦點。警備道說明著百年前的日本軍警，也嘗試著從這條溪溝下切至莫很溪，過溪後倚著溪流的左岸向金老、庫霞等駐在所移動。百年後的端午時節，這條警備道被莫很溪沖得支離破碎，距離溪流較遠處者也難逃過被樹林覆蓋，不被登山客看見的命運。我們憑藉著路基穩固的警備道，再度回到莫很溪。

日治時期開闢警備道留下的浮築橋

簡單整理一下裝備後，卽按原定計畫，往三疊瀑布的方向下溯一段，直到獨立山索道遺址下方處。二〇一八年的秋天，山社的學長姐們從北側的多門山，沿稜下切到莫很溪畔紮營，隔天重裝上至南側的獨立山索道著點。而我們，則輕鬆地踏著溪水，一邊欣賞溪流水光的璀璨，一邊享受著溪風的吹拂。約半小時，眼前爲一片寬闊的沙洲，而正上方爲幾條鋼纜支撐的獨立山索道。剛離開溪流的上切路並不好走，需同時應付著惱人的植被與其上的露水，以及思考著如何從極陡峭的坡面找到突破的地方，也就是索道頭附近的工作路。由於索道本身並非相當穩固的設施，當天氣不佳或著點、發送點其中之一故障時，應安全考量而無法啟動索道。對伐木工人來說，回到工作崗位仍是首要任務，因此他們會捨棄索道系統，直接從索道所在的稜線下切，越溪到對岸後，再從稜線回到他們的崗位或居處。工作路便在這樣的需求下被開闢出來。儘管伐木禁令已頒布近四十年，工作路的頻繁使用仍會留下路底，讓後世的登山客從中辨識與使用。獨立山索道的工作路，根據近十年的登山紀錄所顯示，仍受南北兩側的登山客所使用。在經過一番尋找後，偶然在近垂直的坡面中間瞧見不甚清晰的平緩路跡。基於該坡面並沒有更好走的方式，抱著嘗試看看的心態小心翼翼地行走。這段路順利地帶領我們走上了稜線，並看見不遠處的索道著點。不同於五年前學長姐所拜訪過的境況，現今的著點已然傾頹，索道頭的木架已斷裂多處或坍塌，製造出幾近懸空的木橋。戒慎恐懼地攀到另一側，試圖找尋曾經被發現的「錦峰一號」工寮，然眼前散落於山坡的大量木板與碎玻璃，似乎告訴我們嘗試是徒勞無功的。所幸，在著點上方，可見到用於索道鋼纜固定的地基，且保存良好。獨立山索道後連接獨立山線與南峰線的鐵軌，則不引人注目地沿山壁蜿蜒，隱身於草叢中。

關於戰後獨立山的文字書寫，最主要的紀錄散見於臺中農學院（今中興大學）園藝系主任程兆熊先生的作品。西元一九五四年起，他應當時農復會的請託，率領師生進入臺中和平、南投信義、花蓮太魯閣與宜蘭南澳等地山區進行山地園藝資源的調研，並撰寫開啟臺灣山地種植溫帶蔬果風潮的三份調查報告。除了嚴肅的調查報告，他也完成了《高山族中》、《臺灣山地紀行》等著作，記錄下他所觀察到的原住民社會與林業實況。在《高山族中：臺灣宜蘭山地之行》中，他留下多篇關於太平鄉、南澳鄉各部落與旅途所見所聞的小品文，他在其中的兩個章節談及獨立山：

二〇一八年仍站著的獨立山索道（上圖），二〇二三年再度拜訪已然崩塌（下圖）

「我們由那裡回到羅東，便即乘太平山林場的小火車，再經三星、天送埤、清水湖、牛鬪、瑪崙到土場。更由土場改乘運材小火車，即所謂「幫幫車」到上太平山的索道站，由此我們被吊上一個大山頭，又坐幫幫車到另一個索道站。而被吊至另一大山頭，還是要坐幫幫車去到第三個索道站。

在第三個索道站，被吊去第三個更高更大的山頭。在第一個索道站我們穿單衣，到第三個索道站時，我們就須得穿毛衣而禦寒冷了。最後乘坐的一次幫幫車，才把我們載送到了太平山，我們住在太平山林場的招待所。我們一共由土場起坐了三次索道車，五次幫幫車，才到了那裡。我們在那裡一宿之後，又乘著幫幫車沿著太平山的一條伐木線，名叫茂興線走，又走到一個索道邊。這一個索道是沒有索道車載人的，只能吊一些行李過到另一個山頭，我們由那索道站旁下到一個大山谷，又從那大山谷底，爬上一個在那索道另一端的大山頭。這時我們的行李已早被吊到那裡了，於是我們取來了行李，我們還坐了一次幫幫車，才算到達獨立山。

我們坐在獨立山的一個伐木工人臨時宿舍裡。我們才把行李由幫幫車卸下，放在住宿處，我們又立即步行至獨立山的深處。最後還是沿著一個幫幫車的路軌而行，隨後再由路軌的左側，爬上了一個谷木森林處，不復有山徑給人走，而只是從被伐下來的大樹上行……。」

獨立山並不是戰後才以文字躍上舞臺的。日治時期的獨立山，儘管尚未有索道、獨立山線與南峰線，但由於佐宇漢駐在所設立於附近，且比亞豪警備道由此地通過，因此在距離索道頭不遠的上游處，在右岸可看到獨立山吊橋頭。獨立山吊橋頭據悉是日治時期所建，但其真正的落成時間與用途並不詳。我們離開溪流，爬上吊橋頭所在的平緩處。吊橋頭的周遭，依稀可見當時建造吊橋時特別整理的空間，而吊橋本身則僅剩堅固的鋼纜。吊橋的另

莫很溪與僅剩零星鋼纜的吊橋

一端是什麼，是否有像右岸完整的吊橋頭，我們並不清楚。

離開獨立山後，我們再次於莫很溪溯行。回到卸下背包的位置，四周不見日治時期建立於此的警備道橋樑的痕跡。用完餐後，我們繼續上溯，於稍大的水流中漫步於兩側高聳的山壁之間。當天的紮營地位於距離一小時步行距離的金老駐在所附近，隔天我們將要沿著一年半前的山徑，路經金老駐在所、茂興線、吉野，攀上熱鬧的加太縱走稜線，結束莫很溪的漫遊。

重返茂興線

拂曉之際，沿著莫很溪下溯一小段後，即從溪溝旁的稜尾上切。鑽過一片草叢後，即開始毫不留情地陡上。不過，相較於二〇二一年十一月從加太縱走稜線下切到莫很溪，在接近溪谷時的陡下且路跡不明，這次的山徑清晰許多，植被也較不惱人。剛上切不久後，前方的隊友表示找到遺棄的瓶罐，以及疑似是駁坎的石壁。由於距離溪邊不遠，加上位置與日治時期的地圖和近期登山隊伍的描述相符，我們判斷眼前的遺址爲金

老駐在所。駐在所的存在或許也說明了，早上所跟著的路底是從何而來。循著稜線有效率地爬升後，約莫半個小時，我們回到了茂興線。此次上切的點位剛好在鐵軌轉彎處，當年日本人直接以火藥將稜線炸出一個缺口，好讓鐵軌能夠繼續向西鋪設。與二〇一一年前次拜訪時抵達的地方相差不遠，但在充分的時間下，我們更全面地探尋鐵路沿線。

我們先是向東沿鐵道進行短暫的巡禮。這一帶的鐵道，由於位在相對平緩的坡地，鐵軌也保存得較多。此時陽光灑下，我們感受不到夏季的溽暑，反倒因爲此刻的金光，讓我們在涼意四溢的霧林帶中備感溫暖。向西行不遠，鐵道在小溪溝中崩塌，枕木已經散佚到下方的樹林，尚有一個支撐架還屹立不搖，但也與鐵道分離開來。我們緊抓著山壁上突起的石頭，試圖向前探查鐵道的路況。根據地圖的資訊，西側的等高線愈趨密集，即使有稜線也坡度甚大，而現場的實景確實如此反映。在一處狹窄的空地上，一根木製電線桿、鐵絲與礙子立在峭壁旁，似乎成爲當年許多伐木工人通過危險地段，進入吉野一帶的標誌。鐵道崩塌到我們難以再往前，加上西側還有吉野的遺址未訪，我們遂簡單地記錄一下，便返回下背處，朝吉野前行。

吉野，取名於吉野櫻，透露著當時駐地於此的日警之思鄉之情。如今，僅存日治時期遺留的鐵軌與轉轍器，供後人憑弔。吉野一地不見任何建築物的殘留，不過現場腹地不小，可以想見當年吉野可能的盛況。從下背處行走至此，鐵道也保存得相對完善。在準備進入吉野時，鐵道分成兩軌，直到離開後才又合併成一軌。這或許也暗示著吉野過往在林業鐵路的地位吧！我們在吉野沒多做停留，繼續朝西前行。不久後，來到一處小的崩塌處，在眼前的稜線側則可望見另一處較大規模的土崩，不見任何一丁點鐵軌的存留。在這崩塌處，可遙見南側的南湖群峰。恰好今日是晴朗的日子，加上時間尚早，南湖群峰尚未進入雲霧繚繞之中。在過往的文獻中，不見遊人曾在茂興線上看見中央山脈高峰的紀錄，不過我想這或許是林業時期前後約五十年的歲月中，茂興線上伐木丁丁，鳥鳴嚶嚶的工作環境，隨處抬頭可見的日常。我們逗留了一陣子，躺在鐵道上享受林間的和煦，同時在凝視頂上的人造林時遙想著這片年約一甲子的自然，存在著什麼樣的動植物、什麼樣的人曾經在這生活、這些生物如何在此構築歷史淵流中的一塊風景。片刻之後，重拾行囊，離開茂興線，離開相處三天的新太平山地區。

結尾

茂興線，對大多數遊客來說，大概就是蹦蹦車、茂興站；對稍有年紀的人，則還多了三疊瀑布的印象。而座落於莫很溪彼岸的獨立山索道、獨立山線、南峰前後線，抑或是此岸的壽、吉野等車站，有多少遊人會眞的去翻找這些鐵路、車站的資料，有多少登山客眞的知道這些地方的位置，各方秉持各樣證據而莫衷一是。不過，這也是探勘帶來的樂趣吧，先人的文字不經意地提供當時生活的碎片，深埋在檔案堆的圖資洩露著這些地點的資訊，而我們作爲擁有這些材料的過客，可以做的大概就是讓它們不再那樣地諱莫如深了。

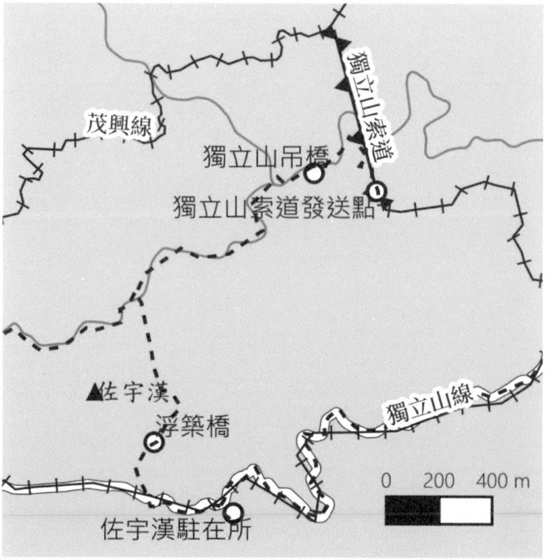

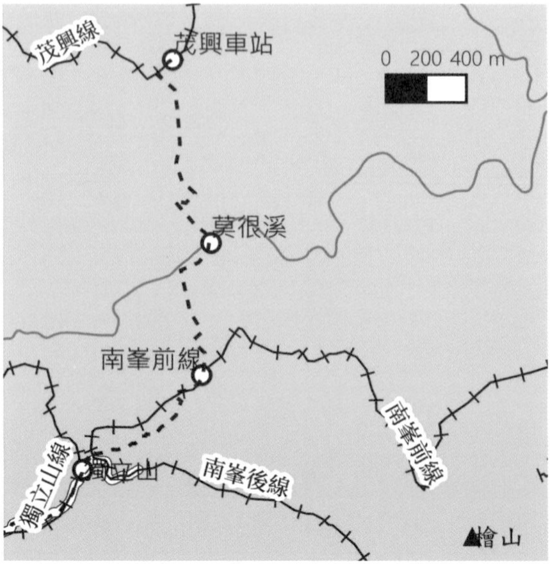
茂興線
茂興車站
0 200 400 m
莫很溪
南峯前線
南峯前線
獨立山線
獨立山
南峯後線
檜山

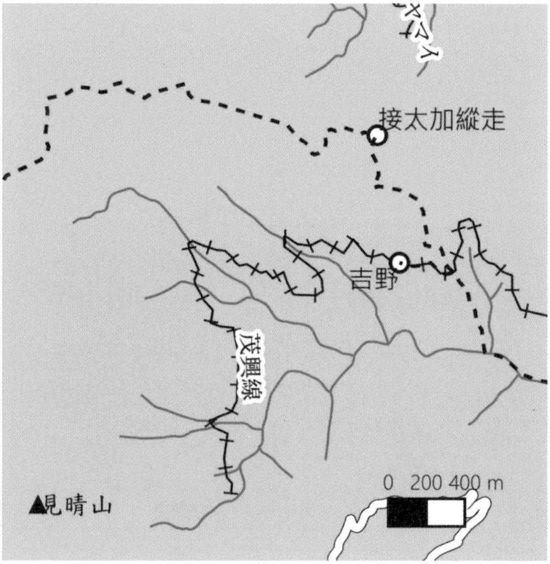
接太加縱走
吉野
茂興線
見晴山
0 200 400 m

南澳北溪溯翠峰湖

徐子涵

喚起回憶的往往不是隊名也不是按時間先後順序排列的行進軌跡，將我投影回走在山裡水裡的日子的通常是一些片片段段的色塊與氣味，可能是半夜雨水淹進睡袋的第一陣濕冷，或是被雨水淋成抽象畫的臉，或是陡上時累到喘不過氣又被植被絆倒的瞬間。南澳北溪溯翠峰湖審隊前一分鐘，領隊楷庭的手一滑，一張張散在黏黏的肯德基地板上的審隊資料與我們兩個的苦笑，成了我對於這支隊伍最開始的記憶。

大元山檢查哨

大元舊道

不論已去過多少支隊伍，每到出隊的前一天晚上總是手忙腳亂，忙著收尾手邊的工作，又忙著打理登山的裝備，總是在踏出門的那一刻仍擔心著是否還有東西遺漏了。上山前一天晚上，我們搭乘客運離開喧囂的臺北市，不到三個小時即抵達古魯林道柵門，準備走一小段林道到廢棄的大元山檢查哨睡覺。這時聽見威龍抱怨著他分得的公裝太多，原本打算忽略不理會，但是看到威龍身旁被裝備擠到滅頂的大背包，和他旁邊一大袋塞得滿滿的公裝，才發現眞的分配不均，實在對學長太失禮了。到了檢查哨，大家重新分好裝備，在星空下靜靜入睡。

大元國小第二代校舍

第一天早上六點從大元山檢查哨出發，出發不久陡上的山路、大晴天灼熱的氣溫，再加上沉甸甸的大背包壓得身體濕熱難受。我們在近中午時抵達大元國小下切點，不久大元國小斑駁的校門佇立在眼前，細小的紅色鐵杆爲這座被包覆在樹林中的學校添加了儀式感。漫遊在這個快被森林收回的校園，除了驚訝這裡曾是一間小學，也對這些殘留的牆面與物件留下滿滿的疑惑與猜測。事後我閱覽陳東元等長輩所展示的舊照片與文獻，強烈感受到我們短暫拜訪的這座校園乘載著數百位師生的生活記憶與一生耕耘的成果。讀著對大元國小李有權校長緬懷與紀念的篇章，除了感慨人物景色快速的變化，更多的是對這些前輩們的尊敬與佩服。

摸黑垂降

自大元國小下切至南澳北溪溪底後，溯溪正式開始。前段爬過多少石頭、地形，游過多少深潭，推過多少次上升器已記不清。記憶一下子就快轉到第二天中午高繞二十五公尺瀑布之前，我們鑽進了一叢讓人心智耗弱的芒草坡。這裡就是高繞的起點吧？就在我們找尋上切點的時候，雨開始滴滴答答地打在岩盔上。好不容易用上升器推過一段濕滑的土坡，剛站穩時又被告知這只是另一段推進的開始。我們在破碎的乾溝和稜線之間橫渡與爬升，途中遇到了幾次讓人心驚膽顫的落石，而濕滑沒什麼植被的邊坡則讓人的雙腳越來越失去踏實感。不知不覺已經下午四點了，目前的位置已比預計的高繞路還要再高出不少，但前方始終找不到適合的垂降點。原先時間寬裕的我們，現在已被日落時間的接近壓迫著。集合了大家以確認目前點位與討論接下來的策略，決定橫渡一段芒草坡至另外一個稜面垂降，想想有點慚愧，出隊前要大家不要摸黑練習但現在卻遇上了，在這精神與體力快用盡的時刻，還要再擠出一大把的體力和專注呢。完成第一段垂降後天色轉暗，我們以一盞小小的頭燈明確地圈出精力該匯聚的方向，經過兩次垂降後大家仍懸掛在固定點上，僅存的專注正和周圍群魔亂舞的小黑蚊奮鬥。威龍回報接下來還需要垂降四十米，恐懼並沒有隨著高度的下降而降低，反而隱約地一層疊著一層，常常精神就這麼不經意地渙散在周圍無盡的黑暗之中，但更多的是驚醒時趕緊提醒自己將注意力聚焦回小小的光圈之中。就在這兩者之間不斷地轉換下，我的雙腳終於重新踏回溪底。威龍指著前方的小溪床，恰恰好能夠擠下我們十一個人，衆人無不感激這塊小溪床，接住了歷經八小時高繞路後筋疲力盡的我們。

平元林道迷航

第三天一早也是個大晴天，一開始我們擔心高繞過了頭而垂降到附近的支流，經過一番定位討論後發現我們其實就在二十五米瀑布上方。很快地我們又找回穩定前進的節奏。朝著上游前進，河道慢慢地收窄，水也一點一點地收乾，直到溪水化爲間歇的滴水聲。是時候準備切上平元林道了，那本應該是一個可以一邊哼歌一邊想著下山後晚餐要吃什麼的時刻，然而就在我們要準備上切時，卻發現一點林道的痕跡都沒有。應該只是藏在芒草裡吧？但是芒草一撥開，若有似無的路基跟了五六公尺又消失了。下午兩點

在黑暗中頂著頭燈與疲倦行進

半，大家遂放下大背包、耐起性子兵分二路找路，然而過了一小時仍然沒有什麼線索，路不是消失在雜亂的倒木間，就是被陡峭的山壁收回。心裡又一陣沉。不久，聽到齊濠在高處呼叫說他找到路了，大家魚貫跟上，但一開始的林道也柔腸寸斷，倒木充斥、植物遍布，路跡又若有似無地消失在山壁的邊緣，而雨又開始下了起來。眼見原定路線路況有變，此時大夥決定沿著稜線直接上切翠峰湖步道。不久四周全暗，頭燈再次轉開，前方的人循著光線照出的小小範圍撥開樹叢，一小步一小步地往上，而後方的人沉默地亦步亦趨。經過又一次在黑暗中跟未知的拉鋸戰，我們終於看到靜謐的翠峰湖步道。

我踏在黑漆漆的環湖步道上，沒有餘裕觀賞翠峰湖，只想著逃離這裡，卻又想起了山下等著我的作業與工作。翠峰湖在一九二九年被吉井隆成組成的調查隊伍發現，他曾描述他在三星山、田古爾溪一帶做山林調查時遭遇隊員失蹤、驟雨、溪水暴漲、與摸黑的危險旅程。他提到在做森林調查的那段時間，有時遇到缺水或沒有營地，這時候就需要從山上逃回來。他常常逃回來，沒有實現目標。我曾問領隊爲什麼想開隊伍來這裡？他說前一年暑假曾和朋友造訪翠峰湖，在湖畔度過靜謐而悠閒的難忘清晨，

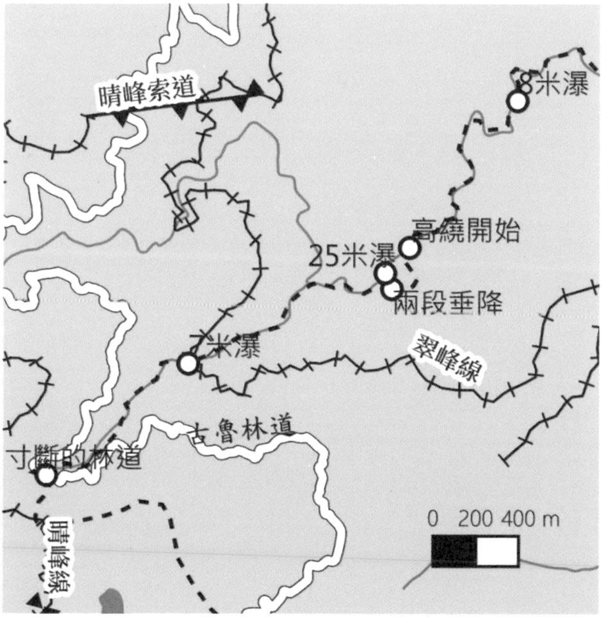

對這座高山湖泊留下好印象。然而現在的我們只剩被榨乾的靈魂，只想趕快走完對我們來說又臭又長的步道下山。山下的生活太匆忙時就渴望著躲到山上，然而山裡無法掌控的挑戰一襲來，我們又趕緊逃回城市中，人就是如此矛盾吧？

時雨白嶺追香林

楊婕伶

昭和七年三月，時就讀於臺北帝國大學林學科第三學年的大木亥左夫選擇以太平山爲其畢業論文的取材地，分析各種運材方式的成本效益。或許對這位後來歷任殖產局山林課、營林所作業課的林業人來說，選定太平山僅是因爲離臺北較近，且有著架空索道、伏地索道、蹦蹦車等多種

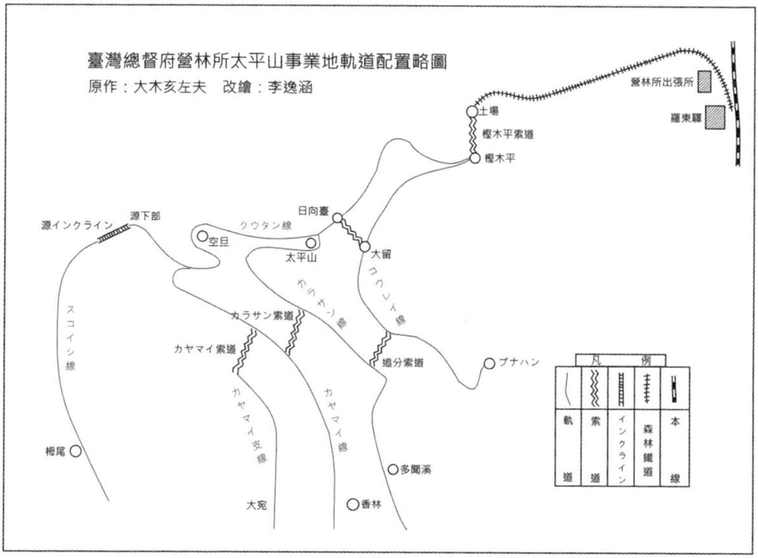

舊太平山南方的軌道配置略圖，而神祕的香林位於カヤマイ線。原出處：大木亥左夫（1932）。各種運材法ノ較利的研究（卒業報文）。中興大學圖書館藏

運材方式可供比較，但對於我們來說，他的畢業論文卻意外留下空旦線、カヤマイ線等地的珍貴第一手史料。在他手繪的地圖中，有一個相當夢幻的地名：香林。這地方是否眞的存在？而今又留下多少遺跡？

籌備林務局巡護計畫時李公與我分享此事，於是，這條路線除了成爲巡護計畫的一塊拼圖外，亦變成登山社創社六十週年紀念會師的其中一支隊伍：一共五天的行程，由太平山公路下切至白嶺溪底，溯行至追分遺址，上到加羅山北稜後再沿著カヤマイ線尋訪香林、大嶺、峽月等工作站，最後回到加羅湖參加山社六十週年會師活動。參考大木先生的地圖，我們除推測出香林、時雨澤與大嶺的相對位置，並列出了幾個存疑點位。在這錯綜複雜的林業遺跡迷宮裡，尚未出現在登山紀錄的神祕名字總引人遐想。香林呀香林，你究竟身在何處？

二〇二三年七月，我們懷著且走且探的心情出發。在羅東轉運站整理背包時，一個不小心撞倒了準備帶上山的伏特加，酒精自瓶底的裂縫汩汩而出、浸濕了背包，慌亂之中趕緊用俊諺的寶特瓶救回泰半，算是不幸中的大幸。在三星的宿營地，一邊吃著可麗露和現炒的米腸與香腸，聞著背包散發出的伏特加香氣逐漸入睡，拉開此趟旅程的序曲。

早晨的太平山雲霧繚繞，與司機先生道別後我們從太平山公路邊坡下切，不久熟悉的翠綠映入眼簾，蕨類與倒木遍地，松蘿布滿整片森林，潮濕涼意包裹著我。續行不久，眼前出現隘口及枕木，這裡是イギリ溪線。〈太平山紀行〉裡記到：「這裡是海拔一三五〇米的白嶺，突然感到一陣寒冷，呼出的氣息呈現出白色。山腳到這附近都是闊葉樹林，但從這裡開始垂直的森林帶開始轉變為扁柏為主的針葉樹林。從白嶺向右看，先前有イギリ溪線的軌道，但現在已經廢棄。」イギリ溪線約沿著海拔一千四百公尺闢建，二〇二三年三月我們曾沿路向白嶺探去，前段鐵道路況尚稱良好，但後段鐵道上多崩塌倒木，我們遂放棄探至白嶺的念頭。

一路上，大家思忖著這次的行程不甚緊湊，不如今夜紮營在白嶺溪底，盡情燒水泡茶，免去重裝背水之苦。在這有說有笑之際，遠方傳來陣陣電鋸聲，時而遙遠如隔一山谷，時而像是在我們身旁般。大夥先是面面相覷了一會，接著便拿出錄音機收音，俊諺倒是非常興奮地往聲音來源探去。沒想到這陣陣的電鋸聲將再陪伴我們兩天步程。

嘉羅山工作站一隅，如今被桫欏、蕨類覆蓋

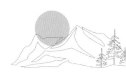

到了白嶺溪底，午後的太陽太溫暖，搭好帳篷後大家便各自發懶去了，思維則用大石板在河階上砌出一段石階步道，悠閒的午後時光甚是愜意。晚餐後我們討論起明日的行程，原先預計沿著白嶺溪支流溯行到追分，再切上稜線、紮營於海拔約一七八〇公尺高的林道上。此時李公聊到二〇一七年隊伍的走法是從嘉羅山工作站出發，到鴻嶺線路基之後再往西南沿鐵道腰繞，就當時記憶應已離追分不遠了，應該可以試著走看看。經過討論後，我們認爲這還算是在路線調整的可接受範圍內，於是決定更改明天路

線。此時喝醉的思維在半夢半醒間把俊諺當成狗兒子糙搭哄，我們就這麼在俊諺的崩潰聲中入眠。

隔天，裝好接下來三天的飲用水便出發，不久我們即遇到臨溪而闢的嘉羅山工作站。殘存的水泥，玻璃瓶罐、水泥桿、枕木、牆基如今被桫欏覆蓋，I型鋼片段與蕨類交錯而生。離開工作站後我們開始上切稜線，途中遇到好幾階林道。至海拔一二五〇公尺左右，疑似鐵道的路基出現，我們遂開始沿著鴻嶺線往西南向腰繞，而昨晚醉到把宛柔的頭當鼓打的思維這才意識到我們昨夜裡改了行進路線。

此段鐵軌已被拆除，殘存的片段枕木及收窄的路階宣示著它曾爲交通要角的過去，隨著越接近地圖上的大溝，路基漸漸消失，大夥在土很鬆的邊坡上腰繞，遇到崩塌就往上高繞，過了一陣子，地圖上的大溝出現在面前，此處距離溪底還有約三十至四十公尺高，而坡面頗爲垂直。大家集合在一個小平臺上討論對策，而李公和思維則往下探，之後回報下方有條小稜、可以試試看。徵詢隊員想法後決定再往下看看，但小稜植被雜亂且陡峭，我們下降速度緩慢，最後在接近溪底處直直往下削、變成近乎垂直的坡面。李公與思維探路後覺得風險太大無法下切，只好致電留守，詢問是否能改走頭頂上這條事前沒有討論過的稜線以接回原訂路線。

我們在與追分同高度的鐵路平臺休息吃午餐，一邊等待留守回電。李公看著隔了一條深溝的追分，感慨著二〇一七年那次鎩羽而歸後這次又無緣能見追分一面。不過李公亦安慰大家，雖然無緣見到追分，但沿著這條稜線上切過程，我們仍可以看到カラサン線（加羅山線）上的追分索道發送點。李公不愧是被稱爲「只開隊去上河北島地圖第二十七頁的那個男人」，已經把太平山的地圖刻在腦海中了。

留守們同意我們更改路線。把正在晾的襪子穿回去，動身出發，路上除幾處較濕滑的亂石外並不危險。上切不久卽接回主稜，很累的我們休息到一半又聽到電鋸聲從東邊傳來，越來越近，彷彿我們跟電鋸聲在同條稜線上，令人毛骨悚然。休息後出發，不久便發現酒瓶，看來我們接到加羅山線了，此處與李公推定的索道發送點高度相合，我們放下大背包四處尋寶，這裡有日治時期以及民國時期公賣局的酒瓶，樹上繫有陳舊的白色布條路標，附近還發現一個方形人造平臺，推測爲追分索道發送點基座，沿加羅山線路基往東又發現駁坎，上方豎立跟檜木平相似的水泥基座，捲胴的形狀依稀可辨。

追分索道發送點。出處：宜蘭縣史館提供

追分索道發送點基座現況

合照後再次出發，此段路況與先前有著天壤之別，倒木與藤蔓擱路，因爲要趁天黑前找到營地，俊諺押著品豪和書瑜兩位學員在前方探路。經過早上的歷險後有些疲累的書瑜跌進了樹洞、扭傷了腳踝，李公趕緊以三角巾固定。很快地，我們接上滿是芒草的林道，在一旁的空地紮營，並幸運在附近的溪溝「發現」一股清泉，今晚也不缺水了，我們就這麼獨享一整山林的幽靜。睡前翻來覆去思考早上莽撞的抉擇與行動，往後三天「檢討書寫了沒呀」也成了大家調侃的問候語。

第三天，我們預計沿著カヤマイ線（今人譯作茅舞線）走到大嶺工作站，並希望在路上找到未知的香林。カヤマイ線在文獻中不常出現，宮地硬介曾提到：「從カヤマイ線的起點稍微走一小段，就能到達空旦線的終點站，這裡架設了一條伏地索道。」大夥出發時討論茅舞其名，不知道茅舞線是不是茅草跳舞的意思，還好林道上的茅草並不刮人。此段鐵道路況大致良好，少有崩塌，而俊諺說到出發前透過比對空照圖，發現民國時期這段林業鐵路被開闢成林道，可以透過空照見到一條寬大的路。按照俊諺在地圖上描的林道，它理論上會繼續往前，之後以之字形陡上到位在海拔兩千公尺的カヤマイ支線之高度。我們期待著能一路就這麼跟著好走的林道上到茅舞支線，再沿鐵路路基探到

此行的一大目標：香林

大嶺。

過了一個溪溝後，林道上出現許多玻璃瓶，上有臺灣專賣局字樣，眾人靈敏的狗鼻子嗅出此地的不尋常，決定輕裝上切找找看。上切十公尺左右後接上人造小平臺，地上有倒E型的水泥構造物，還有一格一格排列整齊、半埋著的木造遺構，還有各式各樣的玻璃瓶，其中跨越日治時期及民國時期，包含各家啤酒瓶、黑松汽水、進馨汽水有限公司等等。這裡應該就是香林了！眾人尋寶、小睡。我們沉浸在找到香林的喜悅之中。

繼續沿林道前行，果眞出現了俊諺所述之字往上的林道。李公和思維則往前續探，除了一罐豆腐乳外，並無開路的痕跡。於是，我們決定午餐後沿著之字形的林道往上，看看能否接到カヤマイ支線。用過午餐，沿著之字形林道上升，來到海拔兩千公尺處卻是一片蓁莽。我們尋找可接到大嶺的茅舞支線無果，決定直接朝著南方、往大嶺方向腰繞過去，在倒木和橫長的雜樹中鑽行，天色轉眼間變暗，可能要下雨了。幸好林相慢慢轉好、變爲柳杉林，下午一點半，我們抵達一片霧茫茫的大嶺。我們計劃明日早上單攻峽月再上到加羅湖與其他隊伍會師，又獲得一個悠閒的下午。大嶺占地廣大、遺跡繁多，可惜已被造訪此地的登山客「整理」過，酒瓶等容器被整齊排列在遺跡之上。閒得發慌的李公抓著品豪去附近溪溝找水，順利在路程約十分鐘處找到水量豐沛的滑瀑，回來時提著滿滿的清泉。宵夜的鹹豬肉酸得徹底，但在一口高粱配上一口鹹豬肉下倒也無妨。大家互相依偎、縱情高唱從創社年代傳唱至今的山歌，而〈送別〉一曲唱起來格外有感覺，些微的走調配上從河谷對岸傳來山羌的回應，淒厲的二重唱：

長亭外／古道邊／芳草碧連天

晚風拂柳笛聲殘／夕陽山外山

天之涯／地之角／知交半零落
一壺濁酒盡餘歡／今宵別夢寒

翌日一早，我們出發單攻峽月，在清爽的檜林中快意下切，很快便來到峽月所在的カヤマイ線。截斷稜尾的鐵道在此形成一大隘口。我們往鐵道末端探去，清淺的溪谷離我們好近，遠遠就可瞥見可愛的三層小瀑在陽光下傾流，附近的樹枝上則掛滿松蘿。峽月的規模比預期中來得大，有四層平臺，大家到處探險，而後發現此地的玻璃瓶大多被集中在同一個坑裡，看來此區住民比較龜毛。陽光灑落在蓬鬆草地，我們就著遺跡想像當時居民的生活景況。在回程路上李公和俊諺找到了

峽月遺留的茶壺與爐架

カヤマイ支線，經過數十載路基仍在檜林中延伸了很長一段。

愈接近加羅湖，我們愈期待著能夠遇上其他會師的隊伍。擰開無線電胡亂呼叫一陣，竟然收到友隊回覆：晉凡所在的南湖北稜隊伍剛接到傳統路。果不其然，我們是會師的十餘支隊伍裡第一支到達加羅湖的隊伍，於是在湖景第一排搶占先機、搭了開放式的觀湖帳，迎接陸續抵達的老朋友與新朋友們。夜晚的加羅湖畔，歷屆登山社社員歡聚一堂，山歌歌聲迴盪在山谷，爲此行劃下完美的句點。

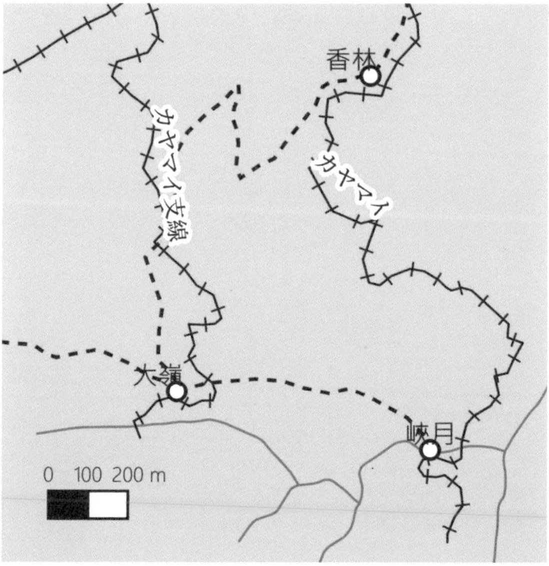

須古石線與加羅湖會師

許明智

我一直相信，加入山社的我們，在心底深處都存在一條山徑，能通往一處乾淨的湖泊。

在盛大的會師結束後，我嘗試拼湊起這支隊伍的相關記憶，即便我始終知道，在探勘過程中所沉澱的文字會隨著時間散佚，但書寫本身正如登山，總能在踽踽前行之中抵達目的地。

九十年前的樹木調查

若要回溯須古石線的起點，我們得重返百年前的太平山開發史。在當時的遊記中，多能見到「栂尾」的地名，這段路線更是當時學生常造訪的熱門路線。李清楠的〈南湖、次高登山紀行〉記錄下一九三五年七月，臺北帝國大學附屬農林專門部林學科教授八谷正義帶領十五位林學科學生到太平山，進行爲期一週的樹木調查實習。從七月一日到七月八日，他們待在白嶺俱樂部，調查當地的樹林並進行取樣。七月九日，八谷教授帶領部分學生前往栂尾並住宿一夜。

在閱讀文獻之際，我才發現，此趟須古石會師隊的時間，恰好與這段歷史有所疊合：我們於七月六日從四季林道出發，經過栂尾，宿於中尾，並單攻里尾。隔天則翻越給里洛山，抵達加羅湖。相隔近九十年的夏日，同爲臺大學生登臨此處，所見之景會有什麼異同？

李清楠提到：「從臺北到海拔兩千兩百公尺的里尾，我們不必步行，這真是好運」。只不過，當我們步履此地，並無法像百年前的日本人一樣，輕鬆地搭乘著軌道車抵達，而是得從四季公墓搭乘部落居民所駕駛的菜車，才能抵達四季林道的舊柵欄，開啟我們的探勘之行。

遙想當年日本殖民者因覬覦這片山林的資源，多次向泰雅族部落推進隘勇線，壓迫在地原住民的生活空間。如今，泰雅族已轉為四季林道的守門人，或許能視爲遲來的歷史正義。我一直認爲，身爲一位熱愛登山的人，不只是具備專業技能，也得更認識生存在這片山林中的原住民族。比起追求高難度路線，或許我們應該效法日治時期

搭乘菜車越過四季林道紅柵欄

動物學家大島正滿的精神——他在多次踏查宜蘭山區後，不僅命名了櫻花鉤吻鮭，也於一九三五年寫下《泰雅在招手》（原文：タイヤルは招く）一書，記錄許多寶貴的泰雅族文化。如果可以，我們應該多和在地居民談論這片山林，等待他們的「招手」。

須古石線的聚落

只不過，我們仍得按照原訂時間起登。在倉促告別菜車司機後，我們沿著林道而上，接連的陡坡著實吃力，令我遙羨起過往有著軌道的時代。較爲資深的芳姐、東霖、皇奇，則要走在前面的昇祐、庭禎慢下腳步。那時，我還沒有意識到，放慢腳步，才能望見更多風景。

抵達林道的第一處岔口，此處不僅有著寬廣的展望，我們也在此遇見了另一支隊伍。相比於前幾次爬山，會師的獨特性便於此顯現出來：有著六十年歷史的山社，社員前輩們以不同的路線前往加羅湖，規模浩大。在噓寒問暖與拍照合影之際，身爲學員的我，才體會到這著實是一場盛會。

里尾工作站殘留的物品

而後，我們在林道岔與另一支隊伍分道揚鑣，取右邊的嘉平林道前往須古石線。一路緩上好走，在談笑之間就路過警備道，未見須古石工作站的遺跡，只看到林務局所設立的造林牌。細讀〈南湖、次高登山紀行〉，李清楠在路經此處時，則注意到周圍已有被伐木的痕跡，徒留「此處沒有可砍伐的樹木」的告示牌。然而，這座告示牌也已消逝在歷史長河中。

歷史總是如此，當我們試圖尋覓其蹤跡，卻往往爲後繼者所掩蓋。

幸好，我們仍有在栂尾宿泊所舊址發現一些酒瓶，也象徵著我們確實尋得須古石線。在翻越三處溪溝，並跨越多棵倒木後，我們循著平緩的等高線抵達中尾工作站，也是我們第一日的營地。卸下重裝後，我們單攻里尾工作站，隨後也發現更多遺跡。

里尾殘留的酒瓶與容器雖已是這趟行旅的最初目標，但這片山林仍爲百年後造訪此地的我們保留另一個驚喜。在第二日的清早，我們從中尾上切稜線，意外撞見一條木馬道，甚至有著疑似工作站的遺址。沿著地上仍然完整的木板前行，望著一旁的巨木，推想著這些樹木的身世，我們也走入歷史長廊。在木馬道遺址的下方，正是昨日行經的鐵道。這段在預定路線之外的軌跡，是因爲領隊姵昕想要放慢腳步休息，才能遇見此處。

循著依然清晰的木馬道前行

木馬道也好，鐵道也好，在山徑之間穿梭的我們，就這樣迎面撞上山林的歷史。

栂の尾宿泊所の入口にて

右ボーセクマライ　左シヨロンセツ

栂尾宿泊所。出處：大島正滿著《タイヤルは招く》，第一書房，昭和10.国立国会図書館デジタルコレクション https://dl.ndl.go.jp/pid/1234758（參照2024-02-07）

縱橫的舊足跡

回溯歷史，宮地硬介曾在一九三三年的《臺灣遞信協會雜誌》上發表〈太平山踏破〉一文，記錄下他在該年五月到太平山的旅途。五月八日早上六點，宮地硬介從羅東出發，三小時後抵達森林鐵道的終點「土場」，再徒步一小時到「樫木平」，最終於下午三點抵達太平山。隔天，他於九點五十分搭上空旦線，再轉搭須古石線的軌道車，於十一點多抵達位於栂尾的宿泊所。一如李清楠的記述，宮地硬介的旅程也是仰賴太平山內縱橫交錯的軌道，因而不像我們一樣身負重裝，手持地圖與指北針，在荒煙蔓草裡尋路。

不過，身爲後繼者的我們，還是有幸運之處。在宮地硬介的原訂行程中，，五月十日預計從栂尾出發，攀登給里洛山，和我們的行程相似。然而，因遇到大雨而轉往穆魯羅亞滬駐在所，最後由大嶺下山，經加羅山線的多聞溪與鴻嶺線，後回抵羅東。相比之下，我們一路上風和日麗，天氣乾爽，甚至懷疑自己是否眞的在爬太平山。有趣的是，宮地硬介自言「下雨反而讓我有種幸運的感覺」，因爲鐵路上仍有著許多危險的坍方處。如今的須古石線，路況相對清晰明朗，或許也是這將近九十年以來的轉變吧。

閱讀著前行者的文獻，總能讓我反省自身的登山心態。當時，宮地硬介以「踏破」一詞，用以傳達他想要一探太平山所有路跡的企圖。然而，不知道在遭遇大雨後，他爲何還選擇以「踏破」來標誌這段不完整的旅途？百年後，再次進入這片山林的我們，是否又能跳脫這種「踏破」的心態，而能更謙虛地聆聽山林的歷史之聲？

回想起自己加入山社的初衷，是因嚮往著在山裡踏查、探勘的過程，尋索山林間的歷史。於我們而言，探勘的歷程或許比走完全程還重要，撤退與轉進反而是常態。猶記得六月出太平山的隊

努力穿越高密芒草叢的我們

須古石隊合照

伍時，原訂從神代山附近的日向臺勘查至大留，最後卻因下切不易而放棄。然而，我們卻意外發現征矢野鶴吉的墓碑。那時，我們悉心地清理墓碑，甚至在回到都市後還努力解讀著上頭的文字，直到歷史的迷霧逐漸廓清。

或許，不只是山林充滿歷史，踏入山林的我們，其實也不斷創造著歷史。

我們所追求的，並非僅是百岳與展望，反而更渴望著腳下的歷史縱深。我們所爬的山岳，在空間的延展之外，更多是由時間所堆疊成的。這些時日，在太平山反覆交錯的隊伍，一步步踏出的步伐，凝聚成文字，也化作一座屬於我們的山峰。

離開木馬道後，我們欣喜地越過給里洛山，儘管前方高密的芒草叢掩蓋了大部分的路跡，但我們急欲將這些發現，分享給在加羅湖畔、那些等待著我們的身影。回想起一路上，社團指導老師與我們分享的歷史故事，還有社團前輩是如何命名加羅湖周圍的小湖泊，我才眞切地明白，總有一天，自己或許也會這樣被後人傳述。

說來慚愧，在上山之前，才出過三支隊的我，和同爲學員的靜遠、庭禎聊天時，其實對於「會師」這個活動並沒有太深刻的情感，只是單純想出隊爬山。然而，隨著我們越來越靠近加羅湖，心底的迷霧似乎也逐漸散去，自己也更期待見到那些山社前輩與朋友，想跟他們一同分享我們在太平山的見聞與意外發現的木馬道，將之拼湊成屬於我們的故事。

我恍若望見心底有座清澈的湖泊，尚待命名。

登山社六十年會師隊員攝於加羅湖畔

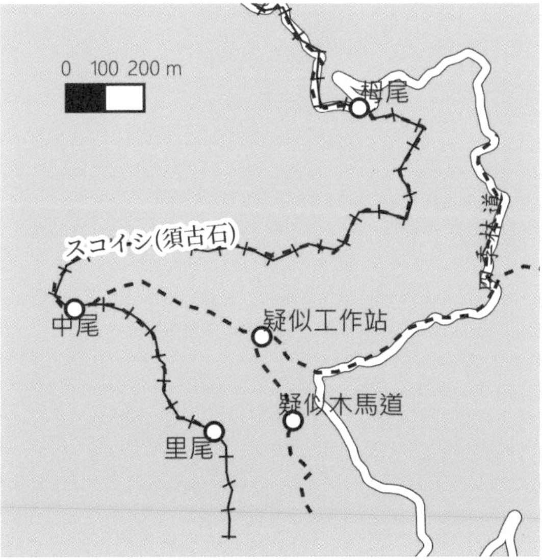

抵達加羅湖的那刻，我終於明白，須古石線的軌道雖已湮沒於荒煙蔓草中，但我們的步履能將消逝的那些召喚回來。而湖邊的我們，確確實實已成爲山社歷史的一部分。

國家圖書館出版品預行編目資料

檜鄉夜語：太平山及大元山探勘筆記／李逸涵編. --初版.--臺北市：國立臺灣大學登山社，2024.7
面； 公分
ISBN 978-957-28732-4-3（平裝）
1.CST: 山岳 2.CST: 臺灣
351.5 113004485

檜鄉夜語：太平山及大元山探勘筆記

主　　編　李逸涵
執　　筆　李逸涵、楊東霖、温凱傑、林宏祐、徐子涵、王亭勻、楊婕伶
　　　　　王亭勻、許明智
校　　對　李逸涵、温凱傑、楊芊奕、劉書瑜
攝　　影　李逸涵、黃思維、温凱傑、姜齊濠、温卉瑜、張騫翮、許明智
　　　　　楊東霖、潘建源、林宏祐、陳信儒、黃智鴻
地　　圖　李逸涵
發 行 人　呂侑倫
出　　版　國立臺灣大學登山社
　　　　　106臺北市羅斯福路四段1號活大225室
　　　　　電話：(02) 3366-2066
設計編印　白象文化事業有限公司
　　　　　專案主編：林榮威　經紀人：徐錦淳
經銷代理　白象文化事業有限公司
　　　　　412台中市大里區科技路1號8樓之2（台中軟體園區）
　　　　　出版專線：（04）2496-5995　　傳真：（04）2496-9901
　　　　　401台中市東區和平街228巷44號（經銷部）
　　　　　購書專線：（04）2220-8589　　傳真：（04）2220-8505
印　　刷　金東印刷事業有限公司
初版一刷　2024年7月
定　　價　500元